アグネ承風社サイエンス　008

# 初、超・軽量車いすの開発

橋本　裕司・朝倉　健太郎

— 目次 —

## 第3章　軽量材料の基礎知識……37

# 序章　世界初「軽い車いすの誕生」奮闘記

この本を手に取った方に、最初にうかがいます。車いすには色々な種類があるのはご存知でしょうか。よく知らない方が多いのではないでしょうか。一般的には、病院とかスーパーマーケットの入口にあるスチール製のものを思い浮かべる方が、ほとんどだと思います（図0-1(a)参照）。

ところが2010年頃、私が初めて介護・福祉機器の展示会に行き、そこで見たものは、イメージとはまったく違う車いすでした。デザインもスタイリッシュで、カーボンファイバーと呼ばれる炭素繊維から作られていたのです。しかもスタイリッシュでカッコいい。私は驚きました。カーボン製の車いすを実際に持ち上げてみると、「すごく軽い……」。さらにチタン（金属のなかでもマグネシウムの次に軽い金属）で作られた車いすや、アルミ製の車いすでも、色もカラフルで流行のマットカラーも使っていたり、非常にかっこいい車いすがたくさんあったのです。私のイメージとは大きく違っていました。

「え、何この車いす、スゲーカッコイイじゃん！」と思うものがいっぱいありました。

当時、車いすの知識がなかった私は「今の時代はこんなカッコイイ車いすもあるんだ」と本当に驚きました。さらに車いすメーカーさんの展示ブースをよく見ると、どこの車いすメーカーさんも、「軽量化」を前面に出してPRしていました。「アクティブ系カーボン素材の超軽量車いす」と、各メーカー、ブースの目玉として「軽量車いす」を置いていました。どの位軽い

（b）カーボン製車いす、軽くてカッコいい。オーダーメイドで価格60～100万円

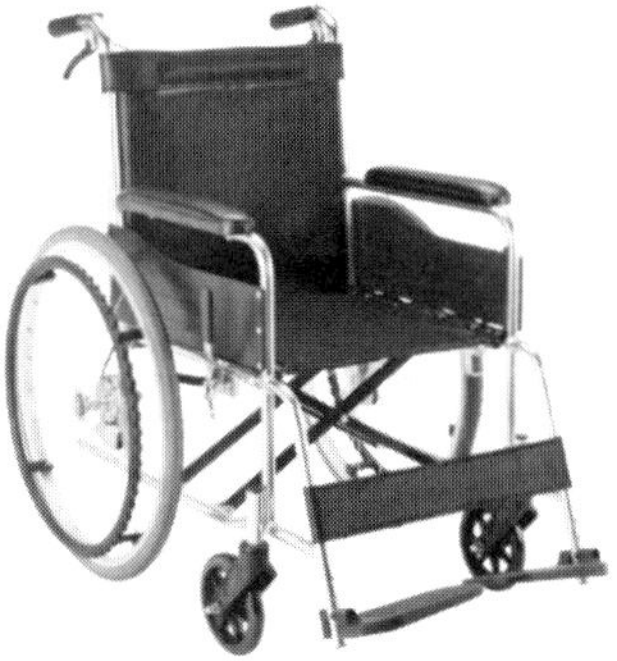

（a）一般的な車いす、価格5～10万円、海外で大量生産品

**図0－1　各種車いすのタイプと価格**

のか？　実際に一般の車いすと持ち比べると、やはり凄く軽い。重さを見ると6キロ~10キロと、メーカーにより差はありますが、それでも一般の車いすよりは凄く軽いです。

カーボン素材を調べてみると、カーボンは鉄と比較しても比重（密度）で4分の1、比強度で10倍ということがわかりました。さらに耐摩耗性、耐熱性などに優れています。短所としては素材コストが高く、加工も難しい。さらにリサイクルも難しい。また損傷を受けた場合の破損の判断が難しいこともわかってきました。

「しかしカーボンで車いすを作っちゃうなんて、本当にすごいな」と、素直に感心して、値段を聞いてまたビックリ。1台60万円くらいから100万円もするのです。「めっちゃめちゃ高いじゃん！」って思ってしまいました。車いすって、障がいを持った方とか、高齢の方が乗るもので、どちらも所得は一般的に少ない人たちが多いです。「そんな人たちが、こんなに高価な車いすを買えるのかな？　でも確かに凄く軽くて、デザインもカッコイイよね」と思いました。

初めての福祉機器展でカーボン製のアクティブ系車いすに出会い、そんな感想を持った私は、そのころ、リーマンショックで落ち込んだ会社の業績の回復と、20年後も30年後も、雇用を守り、維持繁栄をしていくために、「脱１００％下請け、メーカーになる」という目標を掲げ、私と若手社員で作った開発チームで、オリジナル商品を生み出し、会社の起死回生を賭けて、新規事業のいとぐちを懸命に探していたときでした。

「ウチの会社でもっと適正な価格で、カーボンに匹敵する位軽い車いすを作れないかな」。本書は、ふと脳裏をよぎったこの考えから始まりました。この本は、世界一軽量の車いすを作るまでの奮闘記です。

# 第1章　志のはじめに

## 1・1　工業高校で学び直す

世界ではじめてマグネシウム製車いすを開発した「おいたち」をお話しする前に、まずは自己紹介をします。名前は橋本裕司、生年月日は昭和42年5月5日です。静岡県浜松市に生まれました。浜松生まれの浜松育ちです。「浜松まつり」が最高潮に賑やかな、夜の7時頃に生まれたそうです。このため、毎年浜松まつりで誕生日はかき消されるため、何歳になっても誕生日は祝ってもらえませんでした（笑）。浜松まつり**（図1－1参照）**は、浜松市曳馬町（ひくま町＝浜松市中区の地名）が発祥です。1983年に住居表示変更によって、現在の「曳馬」という町名になりました。徳川家康が引馬城を拡張し浜松城に改称したことが知られています。このため引馬は浜松の旧称という見方がありますが、「浜松」もまた古い地名（荘園の名）です。この曳馬町で育ち、中学生の頃から浜松祭りが大好きで、お祭り一色でした。

卒業した高校は、静岡県立浜松商業高等学校です。特技は水泳ですが、スモールハンドで、すごく手が小さい選手でした。でも手が小さい人は情が厚く、明るくポジティブで、奇心旺盛、行動力があるので、フットワークが軽いのが手が小さい人の特徴だそうです。自分では結構当たっている気がしてます。好きなことは食べること。地元の「炭火レストラン さわやか」の「げんこつハンバーグ」がとても好きです。浜松市というのは、ヤマハ発動機、スズキ自動車、本田技研、ヤマハ楽器、河合楽器、ローランド、エフ・シ・シーなど世界に名だたる、錚々たる

図1−1(b)　浜松まつりの御殿屋台

図1−1(a)　徳川家康が17年間在城した浜松城

**図1−1　浜松まつりの御殿屋台**

メーカーが生まれた町です。ですから輸送機器産業の街、楽器の街といわれています。図1−2はそれぞれの会社のロゴマークです。このような町で生まれ育ちました。

次に私が現在の橋本エンジニアリング株式会社に入社した時のお話をさせてください。私が現在代表をしています橋本エンジニアリング株式会社は、私の父が起業した会社です。私はもともと後を継ぐつもりは全くなく、全然分野の違う、メガバス株式会社という釣り具のメーカーに勤めていました。継ぐつもりがなかったというのは、父と母が離婚をしていて、私は母方に付いたので、父はちょっと縁遠い存在だったのです。ところがバブル崩壊後、金型製作をしている父の会社の経営が非常に厳しくなって、潰れそうだという噂を、私の友人から耳にしました。

父とはそれほど交流はなかったのですが、その友人が私の父の会社のために、大手の取引先を紹介してくれる

ヤマハ発動機株式会社

株式会社河合楽器製作所

本田技研工業株式会社

株式会社エフ・シー・シー

スズキ株式会社

株式会社ヤマハ（楽器）

ローランド株式会社

**図1−2　浜松市は世界的な大企業が多い都市**

ということになり、「せっかく友だちも言ってくれているし」と、大きな会社の常務さんを紹介してもらい、食事の機会を作っていただき、父の会社との取引を頼みに行きました。食事をしていろいろ会話をし、最後に父の会社の業務内容と危機的状況を話しました。「父の会社が非常に厳しいようなので、取引してもらえたら大変嬉しいです」と申し上げたところ、「いいよ」と快諾してくれたのです。割と簡単に「いいよ」という返事をもらえたので驚いていると、「でも一つだけ条件がある」と言われました。

「俺はお前が気に入った。だから取引してもいいと思っている。しかし条件がある。お前が親父の会社に跡継ぎとして入ることが取引をする条件だ」と言うのです。思いもよらない話に非常にビックリして、とまどいました。前述しましたように、私はすでにメガバス株式会社に勤務していて、営業のチーフという地位にもいましたし、父の会社を継ぐということは全く考えてもいませんでした。でも先方は、「跡継ぎがいない会社と新規取引するつもりはない」ということなのです。メガバスには21歳のときに入社しました。社長と、社長の後輩のふたりで起業したベンチャー企業に、私が３人目で入社しました。「メガバスを絶対にメジャーにする！」と目標を立て、皆で必死に努力をして、やっと会社も軌道に乗り始め、社員が50人くらいにまで増えていました。私は営業のトップだったので、それなりの責任もありましたし、ナンバースリーとしての自覚もありましたので、父の会社の件について、いろいろと悩みました。

しかし、私が橋本エンジニアリングという父の会社に入ることによって、父の会社やその社員の人たちが救われる。会社が倒産しなくて済むかもしれない。色々悩んだ結果、「じゃあ一丁、頑張ってみようか」という気になったのです。でも、いざ入社してみたら、もうビックリです。経営状態は予想以上の大赤字の会社でした。もうすぐにでも潰れそうな会社でした。このとき、従業員は８人、あとは社長である父と、父の奥さんがいて、全部で10人の会社でした。極めつけはとにかく「社員みんなのやる気がない」。とんでもない会社でした。「うわー、これでは潰れて当然だ」と思いました。しかし私はこの会社の後継者として、立て直しをするために入社しました。「早々に改革しないと本当に潰れてしまう」。そう思って、すぐにいろいろ手をつけたかったのですが、私は商業高校出身で、前職は釣り具の営業。橋本エンジニアリングの仕事は輸送機器製造業、モノづくり、金型つくりの会社です。今まで私が経験してきたことや学んできた事とは全くの畑違いでしたので、知識も経験もありません。それでもこの会社を一刻も早く改革する必要がありました。

そこで私はまず目標設定をしました。

「赤字を黒字にするぞ！」

まずは私が仕事を覚えなければ始まりません。当時一番やる気がある工場長にいろいろ教えてもらい、現場での仕事を覚えようと必死になりました。またモノづくりの知識を身につけるべく、城北工業高校の定時制の機械科にも通い始めました。28歳でもう一回高校生になったのです。

## 1・2　人の半分の期間で一人前になる

金型の業界では、5年でやっといろいろなことが一人で出来始め、10年でやっと一人前といわれる業界でした。それなら私は「2年で独り立ちして、5年で一人前になってやる」と心に決めました。何しろ、今にも潰れそうな会社なのですから時間がありません。

城北工業高校に通っている2年間は、休みは一切ありませんでした。昼間は工場長から実務を学び、夜は定時制高校で知識を学び、日曜日は父の知り合いの方にＣＡＤを教えてもらいました。「絶対にこの会社を立て直す……！　そのために俺はこの会社に来たんだ」。ぐっと歯を食いしばって頑張りました。「絶対に黒字にする！」という熱い思いがありました。しかし私が熱い男になると、やる気のない他の従業員達は居づらくなったのか、一人辞め、ふたり辞め、どんどん辞めていき、あっという間に入社当時に居た社員の殆どがいなくなりました。私はその都度、求人を出し、私の考え方を理解してくれる人材に入社してもらい、最終的には会社の従業員は、全員、私と同じ考え方のやる気がある人材に代わっていきました。

赤字を黒字にする。その為には私が成長するだけでは難しく、当然多くの仕事を確保しなければなりません。しかし最初はやる気のない社員ばかりでしたので、当然お客さんからの信頼は殆どなく、なかなか仕事をもらえるような状況ではありませんでした。そこで私は決めました。（依頼の）来た仕事は断わらない。そう決めた私は先頭を切って働き、超短納期の仕事、めちゃめちゃ難関な仕事、長期連休明けに欲しいという仕事などを積極的に受けて行きました。

また自分たちには無い技術や無い設備での仕事は、協力メーカーを開拓して「できない」という言葉を言わないように決めました。また製造業というのは、ゴールデンウィーク、お盆、正月に長期の休みを取るのが普通で、そこが製造業の魅力でもあったのですが、長期連休明けに部品が欲しい、という依頼が非常に多かったので、逆に橋本エンジニアリングは長期休暇を取らず、ここでも仕事を断らないことにしようと決めたのです。とにかく新たな従業員たちと一緒にがんばり、みんなと力を合わせて赤字を黒字にしたいと考えました。

## 1・3　ゴールデンウィーク、お盆、正月は稼ぎ時

長期休暇はかきいれ時、短納期ありがとう。来た仕事は決っして断らない。私の定時は21時。同業他社が長期休暇に入る時期も、皆が断るような短納期の仕事も受けるスタイルにシフトしたところ、少しずつお客さんとの信頼関係が出来てきました。「連休明けには納品してほしい」と、特に連休前の駆け込み依頼が山積みになってきました。当社以外の同業他社の多くは連休に仕事を入れないので、ねらい通り、連休明けに部品が欲しいと、困っているお客さんからの依頼が非常に多かったのです。現在では「暦通り」に、ちゃんと休めるようになりましたが、当時は経営を立て直さなければいけなかったので、とにかく必死でした。**図1－3**は弊社が当時作っていた「プレス金型」です。

お客さんが困っている仕事を積極的に受け、なんとかこなしていると、徐々に信用もできて、「橋本に頼めばどうにかしてくれる」というイメージがつき、お客が、お客を呼び、口コミでど

図1−3　橋本エンジニアリング
創業当初の代表的なプレス金型

んどん広がり、連休前以外での仕事も忙しくなってきましたし、売上も少しずつ伸びはじめました。また後継者である私が歯を食いしばってやってきたことを、従業員が感じ、やる気に繋げてくれたことも起因しています。また社長である父も、私が入社してからは考え方も変わり、黒字化に向かって一緒になって走ってくれました。そして6年後、ようやく営業利益が黒字化できました。そこからは業績に拍車がかかり、ずっと上り調子でした。8年後には従業は130人まで増えて、私の収入も安定してきました。しかし、その頃のことです。「サブプライムローン」という、なんだかイヤな、聞き慣れない言葉が出てきました。サブプライムローンの仕組みを**図1−4**に示

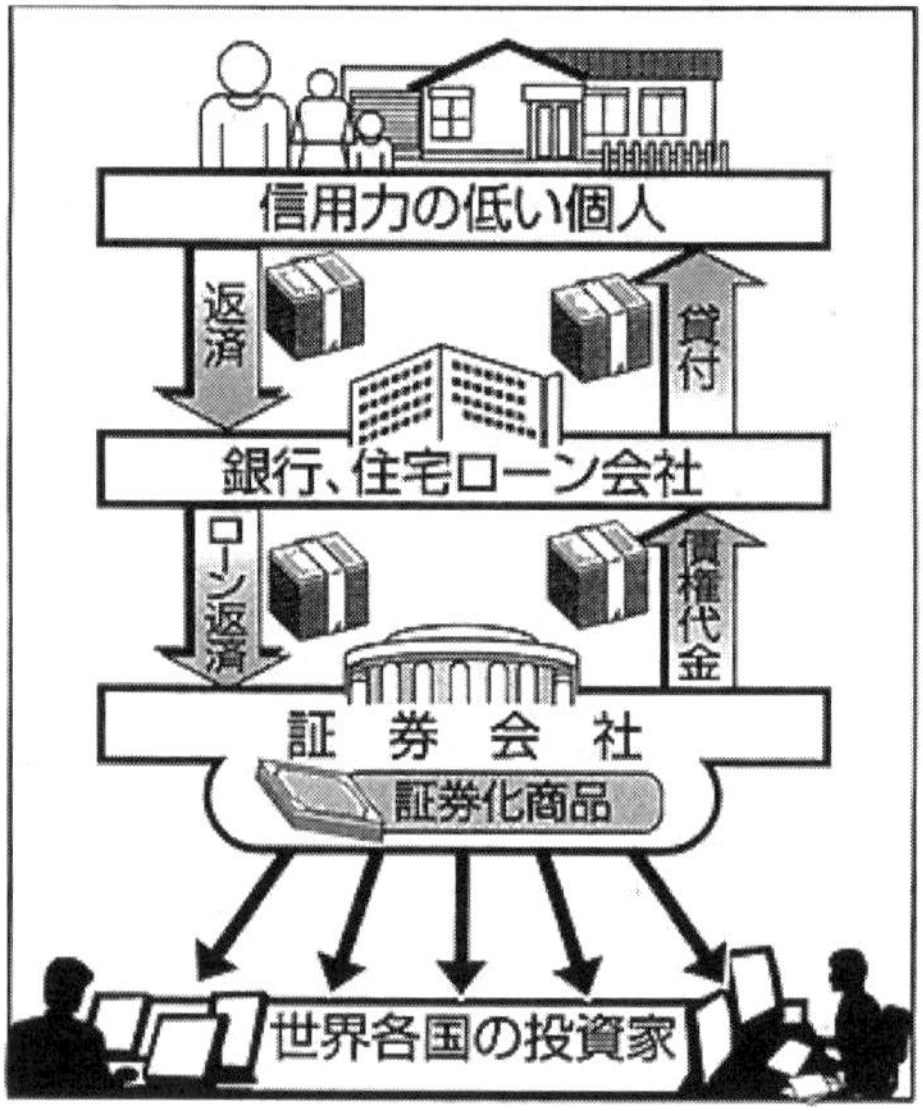


図1−4　サブプライムローンの仕組み

します。サブプライムローンはアメリカで2004年頃から、不動産ブームを背景に急速に普及しました。借入れた金利は数年間は低めに設定されています。しかも金利が高くなる頃に値上がりした住宅・不動産を売却して借入れを返済したり、買替えたりするしくみでした。ローン会社は住宅や車などを担保にして、当初数年間は低めの固定金利を適用したり、利息だけの支払いでよい形をとるなどして借りやすくしていましたが、その後は固定金利が変動金利に移行したり、元本の返済が始まることで月々の返済額が増えるため、所得の増加が見込めない人には不向きな高金利のローンでした。このように不動産価格が上昇することを前提として利用されてきたローンだったのです。

当時、我が社は新しく取り入れた業務の一つとして、検査員の人材派遣を行っていました。化学薬品を使用したり、X線やCTスキャンを使い、非破壊検査という製品検査を請け負うなど、付加価値の高い検査員を育成して、大手メーカーに派遣していたのです。ピーク時には約30人程検査員がいたのですが、サブプライムローン問題という言葉か聞かれ始めたころから、徐々に検査員が返されるようになりました。「仕事が減少してきて余剰人員が出てきているため、この検査は内製化します」と、取引先がいうのです。今月３人、来月は５人必要ない、と毎月少しずつ減らされていき、半年ほどで30人全員が返されてしまいました。なぜなのか、なぜ仕事が減ってきているのか、世の中ではなにが起っているのか…戻された人材は特殊なスキルを持った人材でしたので、他のメーカーにも営業をしましたが、どのメーカーも人材は減らす方向とのことで、結果30人の多くは行く先がなく、本社でも新たな業務もないことから、徐々に退職していきました。

# 第2章

# 人生最大の危機　売上が半分、週休4日の○○○○ショック

## 2・1　リーマンショックを経験して

なぜ車いすを開発したのか、というきっかけをお話しさせていただきます。きっかけはリーマンショックでした。ご存知の方も多いと思いますが、製造業はリーマンショックの時に壊滅状態になりました。2008年9月に、アメリカの有力投資銀行である「リーマンブラザーズ」が経営破綻し、このショックが世界的に拡散したのです。リーマンショックをきっかけに株価の下落、「金融危機」が世界的に起こり、世界規模での不況となりました。新聞などに多くの記事が掲載されました（図2–1）。

きっかけは低所得者を対象とした高金利住宅ローン「サブプライムローン」の問題でした。2001年以降、アメリカ政府は信用度の低い借り手向けの高金利住宅ローン「サブプライムローン」の融資基準を緩和。低所得者が利用するだけでなく、サブプライムローンを組み入れた証券化商品が多数発行され、投資家の購入も加熱する証券バブルが発生していました。しかし、2007年以降地価が下落。借り手側のサブプライムローンの返済率が滞り始めると金融機関などが次々に損失を計上するサブプライムローン問題が表面化し、そして、アメリカの大手投資銀行グループであるリーマン・ブラザーズは、負債約64兆円というアメリカ史上、最大の企業倒産により、世界連鎖的な金融危機を招き、株価暴落や世界同時不況が起きたのです。

これにより日本の製品がアメリカやヨーロッパで販売不振となり、輸出大国日本にも不景気

図２−１多くのリーマンショック の記事

の波が襲ったのです。そして世界的な株価下落の影響は、不景気が続く原因になりました。この後、「他の大きな銀行も、倒産してしまうのではないか」との不安が広がり、お金を預ける人が減ってしまったのです。すると、銀行は貸し出すお金がなくなり、多くの企業で資金繰りが悪化してしまいました。この影響で日経平均株価も当時1万2千円程から6000円台まで下がり、数年に渡って株価下落の状態が続きました。

世界経済が急降下していきました。100年に一度と言われるくらいの大不況です。当然、当社の経営にも大打撃がありました。仕事が無い、余剰人員が大勢出ている。「困った、どうすればいいのだろうか」。非常に頭を悩ませました。なぜなら、景気が悪くなったからといって、社員を辞めさせるわけにはいきません。それは経営者として絶対やってはいけないことだと私は考えていました。どうしても雇用は守りたい。我が社は当時、大手メーカー、仮にA社とします が、A社に非常に依存をしていました。我が社の仕事の実に9割がA社から請け負っていたのです。

## 2・2　週休4日で乗り越えろ！

社員は出勤しても仕事が無い状態が続きました。多くの仕事が無くなったり、親メーカーから引き上げられました。メインの親会社はさらに業績が落ち続け、大幅な休業予定をしてきま

## 2009年3月～8月　184日→98日が休み

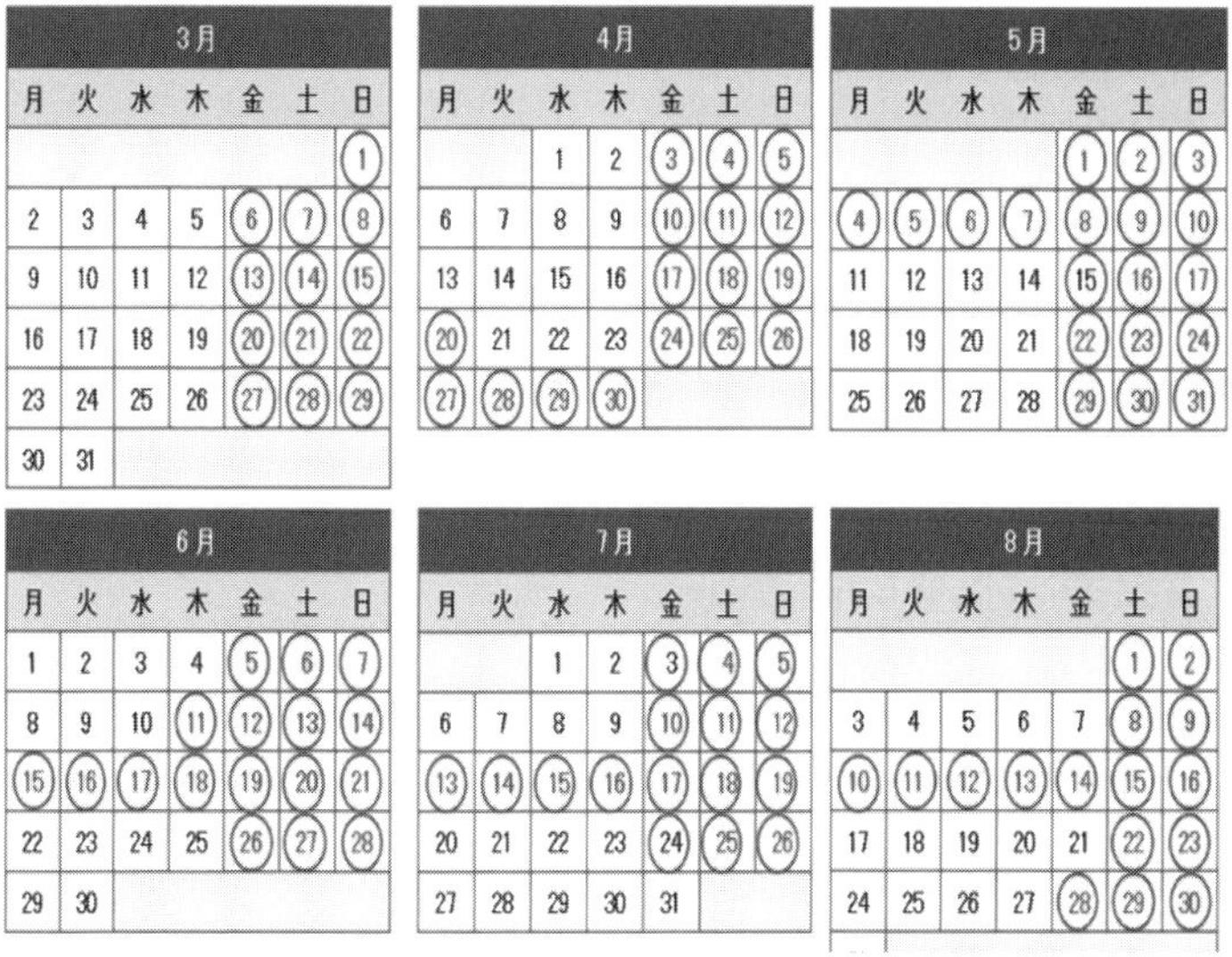

| 月 | 火 | 水 | 木 | 金 | 土 | 日 |
|---|---|---|---|---|---|---|
|  |  |  |  |  |  | (1) |
| 2 | 3 | 4 | 5 | (6) | (7) | (8) |
| 9 | 10 | 11 | 12 | (13) | (14) | (15) |
| 16 | 17 | 18 | 19 | (20) | (21) | (22) |
| 23 | 24 | 25 | 26 | (27) | (28) | (29) |
| 30 | 31 |  |  |  |  |  |

| 月 | 火 | 水 | 木 | 金 | 土 | 日 |
|---|---|---|---|---|---|---|
|  |  | 1 | 2 | (3) | (4) | (5) |
| 6 | 7 | 8 | 9 | (10) | (11) | (12) |
| 13 | 14 | 15 | 16 | (17) | (18) | (19) |
| (20) | 21 | 22 | 23 | (24) | (25) | (26) |
| (27) | (28) | (29) | (30) |  |  |  |

| 月 | 火 | 水 | 木 | 金 | 土 | 日 |
|---|---|---|---|---|---|---|
|  |  |  |  | (1) | (2) | (3) |
| (4) | (5) | (6) | (7) | (8) | (9) | (10) |
| 11 | 12 | 13 | 14 | (15) | (16) | (17) |
| 18 | 19 | 20 | 21 | (22) | (23) | (24) |
| 25 | 26 | 27 | 28 | (29) | (30) | (31) |

| 月 | 火 | 水 | 木 | 金 | 土 | 日 |
|---|---|---|---|---|---|---|
| 1 | 2 | 3 | 4 | (5) | (6) | (7) |
| 8 | 9 | 10 | (11) | (12) | (13) | (14) |
| (15) | (16) | (17) | (18) | (19) | (20) | (21) |
| 22 | 23 | 24 | 25 | (26) | (27) | (28) |
| 29 | 30 |  |  |  |  |  |

| 月 | 火 | 水 | 木 | 金 | 土 | 日 |
|---|---|---|---|---|---|---|
|  |  | 1 | 2 | (3) | (4) | (5) |
| 6 | 7 | 8 | 9 | (10) | (11) | (12) |
| (13) | (14) | (15) | (16) | (17) | (18) | (19) |
| 20 | 21 | 22 | 23 | (24) | (25) | (26) |
| 27 | 28 | 29 | 30 | 31 |  |  |

| 月 | 火 | 水 | 木 | 金 | 土 | 日 |
|---|---|---|---|---|---|---|
|  |  |  |  |  | (1) | (2) |
| 3 | 4 | 5 | 6 | 7 | (8) | (9) |
| (10) | (11) | (12) | (13) | (14) | (15) | (16) |
| 17 | 18 | 19 | 20 | 21 | (22) | (23) |
| 24 | 25 | 26 | 27 | (28) | (29) | (30) |
| 31 |  |  |  |  |  |  |

表2−1　親メーカーの生産調整による休業日の増加（2009年）

した。**表2−1**には、2009年3月から8月までのカレンダーがあります。184日あるのですが、そのうちの98日、A社は休みを取りました。半分以上が休みという事態です。当然、親メーカーが休めば、我が社は休まざるを得ません。仕事ももらえないし、もらえないからやることもない。休むしかないのです。週休3～4日とか、中には3ヵ月という長期休暇をお願いした社員もいました。そして少し残った仕事をワークシェアリングしながら、社員に非常に負担をかけた状態が続きました。こんなことを繰り返しながらも、それでもさらに仕事の減少は続き、残った仕事もコストダウンがあり、毎月下がる「売上」に歯止めがかかりませんでした。

リーマンショックは2008年9月にありましたが、実は私が社長に就任したのが、この時期でした。私は2009年の1月に社長就任しました。リーマンショックとほぼ同時にバトンタッチです。私が社長に就任した途端、仕事は半分どころかどんどん下がって、売上は3分の1しかない…。こんな状況にまで、どんどん陥りました。それでも私は雇用を守り続けました。社員に「辞めてください」と言って、今放り出したら、この人たちは路頭に迷ってしまいます。この大不況の世の中で、働くところなんかどこにもないんです。

半年過ぎても、ずっと売上は下げ止まりません。ものすごく急勾配の右肩下がりです。雇用を守っているため、人件費は変わりません、だからどんどん、どんどん、赤字が蓄積していきました。そしてついにメインバンクが乗り込んできました。

「社長！　この事業再建はどうするつもりですか⁉　このままでは倒産しますよ！」

このときの銀行さんは怖かったです……よ。**図2-2**に示したように、本当に鬼がきたかのようでした。「あれれ、なんなんだ？ 銀行さんって、あんなに優しかったのに鬼になっちゃったよ」って。

手のひらを返すかのような対応に、本当にびっくりしました。しかし、銀行もお金貸している以上、取引先に潰れられたら困るはず。でも社長である私は、雇用を守ると言い張っていたのです。他方で私は、どんどん、どんどん、売り上げが下がっているのに、「人は切らない」と言い張っていました。そんな私の経営に銀行は危機感を覚えたのでしょう。

確かに銀行が言っていることは正しいのです。私のシミュレーションでも、このままリストラせずに雇用を守り続ければ、この会社は1年も持たずに倒産してしまいます。そうなれば100人の従業員を全員路頭に迷わせてしまう。本当にそれでいいのだろうか。私は悩みました。

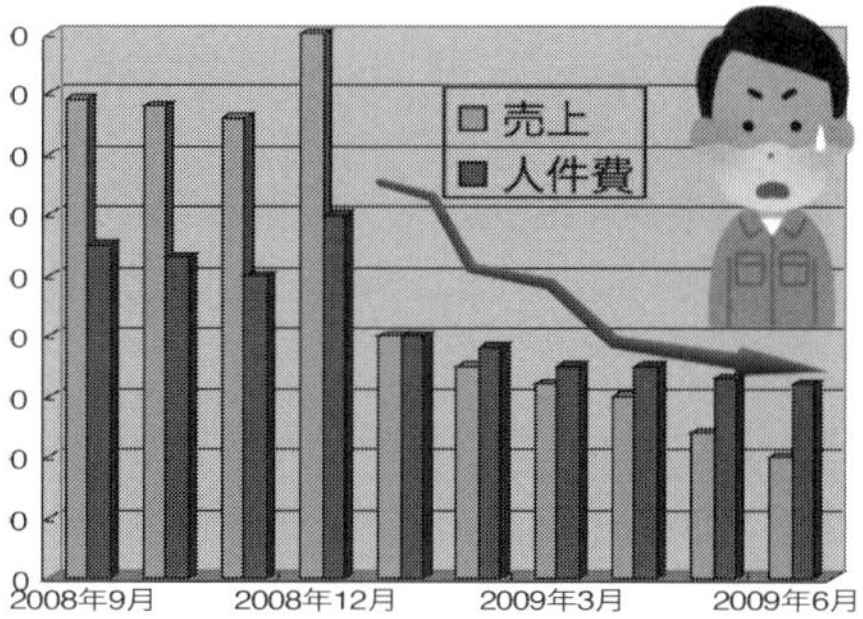


図２−１　仕事量の減少、仕事の引き上げ、コストダウン要請で、毎月下がる売り上げに歯止めがかからない！

図２−２　銀行さんが鬼に見えた・・・

相当悩みました。しかし私は、それに背中を押されるような形で、ついにリストラを実行することを決断しました。私は「会社の確実な存続」に賭けました。会社を倒産させて１００人の社員を路頭に迷わすのではなく、リストラを行い、確実に生き残り、そして必ずまた復活し、リストラに協力してくれた社員を呼び戻す！。私はこう誓って、断腸の思いで約30人の従業員にリストラの協力をお願いしました。これは私が決めたことですので、私が全員と面談して、一人ひとりに頭を下げ、お話しさせていただきました。が、面談しても、誰ひとりとして、「はい、分かりました」とは言いませんでした。当然です。世の中は大不況です。

働こうと思っても、アルバイトすらない状況です。そんなときに会社を放り出されたらどうなるのでしょうか。私も分かっていましたし、社員も分かっていました。だから「辞めてもらえますか」と話をしても、「はい」とうなずく人は一人もいません。しかし、お願いするしかない。会社の生き残りのためには……。

「私は大学2年生の娘がいる、だから今いわれても困る」、「家のローンがあるんだ」、「あともう2年で定年だからもうちょっと置いてくれ」、いろいろなことをいわれました。でも、何度も何度も話をして、頭を下げ続けて、もうお互いボロボロと泣きながらの面談を繰り返して、30人の人たちに納得していただきました。私はそれを経験して「もう二度と、こんなことはやっちゃいけない」、「二度と社員を裏切るようなことしちゃいけない」と強く思いました。今回リストラに協力してくれた社員たちのためにも、絶対に生き残るという決意を示しました。

## ２・３　絶対に雇用は守る

そこで私は、自分自身に誓いました。「絶対に雇用は守らなければいけない」。そのために、リーマンショック直後の２０１０年に営業方針を立てました。20年後も、30年後も、必ず生き抜く（図２―３）。という目標を立てました。

次に示した５つの目標です。

①少ない売上でも利益を生み出すしくみつくり
②高付加価値製品への技術開発
③海外進出
④新興国需要獲得
⑤ブランディング戦略

それぞれについて私の考えを述べてみます。

リストラに協力してくれた
スタッフのめにも、
絶対に生き残る！
図２−３　必ず「生き抜く」という誓いを‥

（ａ）少ない売上でも利益を生み出すしくみつくり

この激動の社会を生き抜くためには、社員一人一人の付加価値を上げていくしかない。私は社員の育成が急務と感じ、この時から現在に至るまで、ＯＪＴ（早朝勉強会、社内教育訓練）やＯＦＦ－ＪＴ（外部の講師を招いて行う集合研修や外部スクール、セミナーへの参加）などを積極的に行い、社員の意識改革から始め、社員育成に取り組んでいます。しかし、この取り組みは強制ではなく、基本は自由参加であり、学びたい、成長したい、興味がある人達が参加します。それでもスイッチが入る人間は入る。入らない人はいくら学んでも、励ましても甘い言葉をかけてもスイッチは入りません。

もちろん、遅れて入る人もいれば、こういう改革についてこられなくて、この取り組みに参加を辞める人も出ました。しかしこの取り組みに積極的に参加してくれている人たちは、考え方がとても肯定的になり、またその社員たちの影響によってだいぶ社員全体の意識が前向きに変わってきました。

### (b) 高付加価値製品への技術開発、新素材への取り組み

ＥＶ時代の先駆け。ＥＶ時代というのは、ＥＶ（電気自動車）が自動車社会のメインになってくることです。ＥＶというのはバッテリーとモータで動きます。バッテリーの燃費が少しでも長くもつ、いわゆる電費が良い車がいい車とされます。ということは、重いと走行距離が落ちてしまいますので、車体をできる限り軽くしなくてはなりません。しかし強度面での安全基準は満たす必要があります。そのために軽くて強い素材が求められています。よってＥＶ時代に強い会社になるということで、軽量強度部材を加工できる技術開発をしていこうと考えたのです。

脱ガソリンにより自動車のEV、FCV化が加速

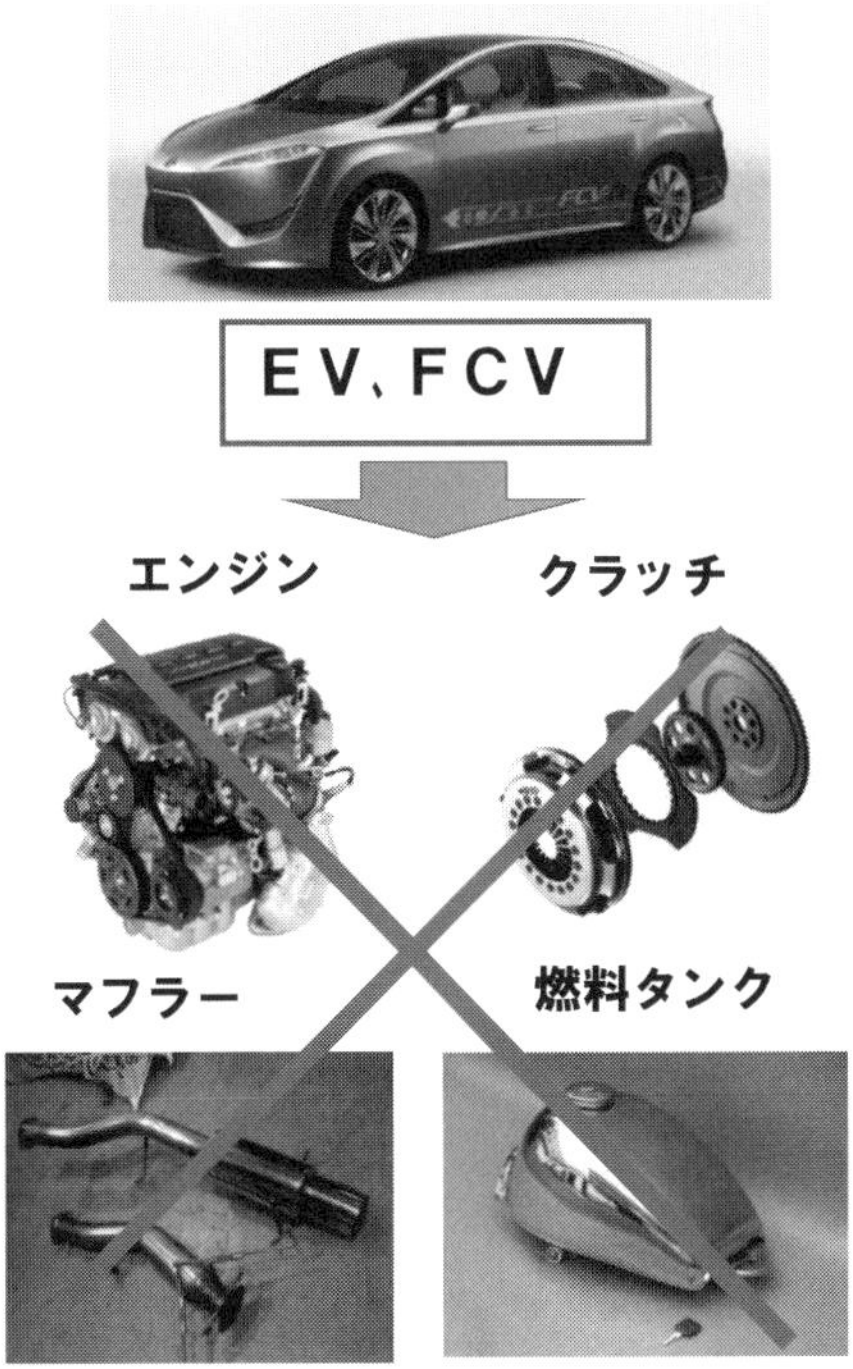


図２−４　EV、FCV化により多くの部品が必要なくなる

## （C）海外進出、新興国市場への進出

日本の製造業はリーマンショックを境に、ピラミッド産業構造が崩壊を始めました。この構造は、自動車メーカーなど完成品メーカーがピラミッドの頂点に立ち、そこからティア1、ティア2、ティア3と自動的に裾野が広がって仕事が流れていく、という構造です。高度経済成長期より続いてきたこのピラミッド産業形態が、リーマンを境に崩壊を始めたのです。それまでの中小零細企業は、社長と工場長などが親メーカーさんにちょこちょこ顔を出して、担当者さんとコミュニケーションをとっていれば、必然的に仕事が流れてきましたが、その時代が終わったのです。

また、自動車産業は、EV化に拍車がかかり、**図2－4**のように内燃機関（ガソリンエンジン等）を動力とする自動車が減少してくると、使用される部品点数の減少により、多くの中小企業が仕事を失い飽和状態になります。それから日本は超高齢化と少子化により労働人口が減少し、また総人口の減少も進む事から、自動車の国内需要が低下をしていき、将来を見据えると、自動車業界だけで生き残っていくのは非常に厳しい状況と言えます。しかし10年後も、20年後も、30年後も、従業員のために会社は生き残っていかなければなりません。

となるとグローバル市場に目を向けます。当時、とくに東南アジアの各国はリーマンショックで少し落ち込みましたが、どこの国もすぐ回復して大きな活気が出ていました。中国もそう

です。中国、ベトナム、インドネシア……・。今後も経済成長が見込まれる国に絞って、進出しようと考え、各国へ市場調査に行きました。そう、海外進出に自社の命運を掛けました。また新興国需要の獲得、それだけ海外がにぎやかで活気づいていたので、先に海外に進出する大手中堅企業も多かったのです。その進出している会社が「付加価値の高い仕事は日本でしかできない」と、金型や治工具などを日本に依頼してくれていたので、その需要を獲得したいと思い、「新規開拓」にも力を注ぎました。

## (d) ブランディング戦略

これは「100%下請けからの脱出、メーカーになる」ということでした。リーマンショックのときまで、我が社は100%下請けでした。自分たちのオリジナル商品は1個もなかったのです。リーマンショックのような不況が来た時に、100%下請けでは、親会社の売上にどうしても左右されます。親会社に全面的に従うしかありません。また、リーマンショックの時に、メイン顧客だった親メーカーからも、「うちばかりを頼りにせず、自分たちの技術を色々なところに売り込んで、自分たちの身は自分で守りなさい」と言われたこと、この言葉が大きなきっかけになり「100%親メーカー依存」を脱し、自らがメーカーになることを決意したのです。「100%下請けからの脱出、メーカーになる」。仕事を請け負うだけの下請けから、メーカーになることを決めた時です。

また不況は必ず繰り返します。オイルショックがあり、バブル崩壊があり、今回のリーマンショックがありました。大きな不況はまた必ず来ます。今回を乗り越えたとしても、同じことをしていたのでは、また不況が来たときにリストラをしなければいけません。でもそんなことを絶対しないための決意と方針です。自分たちでメーカーになる目標を立てて、自社の保有技術を生かし、成長産業、これから絶対伸びていくであろうという産業に向けてのメーカーになるということを目標立てました。これが世界一の超軽量車いすの誕生に繋がっていきます。

次章では超軽量車いすに使われた軽量材料について説明します。

# 第3章　軽量材料の基礎知識

## 3・1 マグネシウム（合金）はどんな材料

当社は超軽量車いすを開発しましたが、そのフレームに世界で初めて、凄く軽い金属のマグネシウムを採用しました。ではマグネシウムとはどんな金属なのでしょうか。その前に1943年におけるマグネシウムの生産量は米国だけでも18・4千万トンになり、1980年代には西欧諸国だけで30万トンを上回りました。2000年代に入ると、図3－1（a）に示すように中国での生産量が急速に増え始め、米国を抜いて世界トップになりました。現在（2020年データ）では図3－1（b）のように世界総生産量約120万トン、全体の80％を超える約100万トンが中国で生産されています（日本マグネシウム協会出典）。ここで軽量（金属）材料のアルミニウム、チタン、プラスチックなどの材料と比較をしてみましょう。軽さの程度を示す基準として密度（比重）が目安になりますので、これを示しますと表3－1や図3－2になります。ちなみに比重は、ある温度で、ある体積を占める物質の質量（重さ）と、それと同じ体積の標準物質の質量との比をいいますが、普通は標準物質として4℃の水を使います。水の場合は4℃で密度が最大になり、そこから温度が上がるにつれて密度がだんだん小さくなります。また密度は、2つの物質の〈軽い・重い〉は、比べたい物質を同じ大きさ（例えば1立方cm）にすれば、正確に比べることができますので、温度を一定にして測定します。この物質1立方cmあたりの質量（グラム数）という考え方が「密度」です。たとえば鉄の場合の密度は、100g／12・8㎤＝7・8（g／㎤）になります。

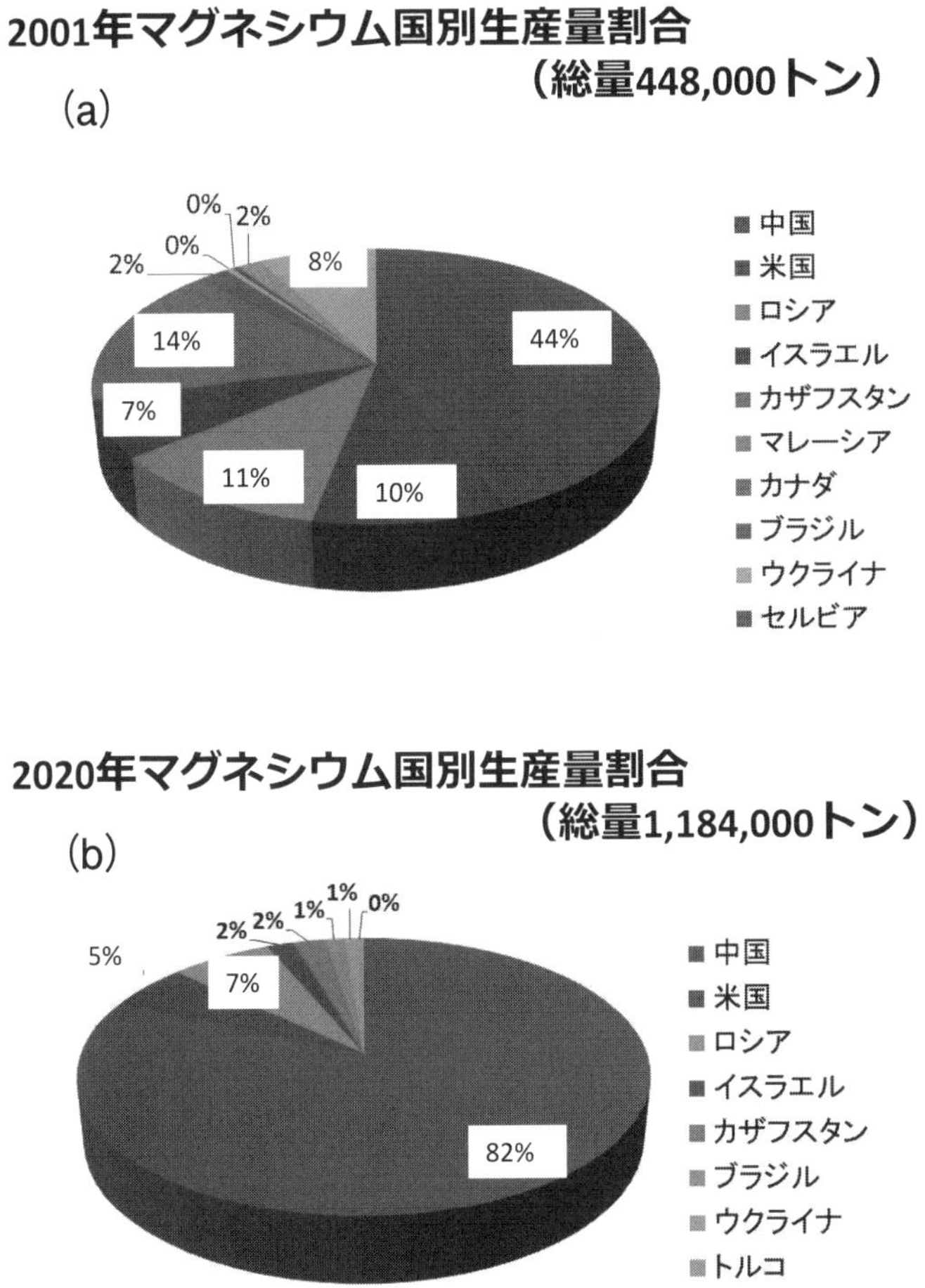


図3−1　一般社団法人「日本マグネシウム協会」HP から転載[1)]

表3－1　各種軽量材料の物理的・機械的比較

| | 密度（比重） | 引張強さ（MPa） | 比強度（引張強さ／密度） | 硬さ（HV） | 融点（℃） | 結晶系（結晶構造） |
|---|---|---|---|---|---|---|
| 鉄（スチール） | 7.87 | 純鉄 195 ～ 450 | 78 | 純鉄 110 ～ 200 | 1540 | 体心立方構造 |
| アルミニウム | 2.70 | 純 Al 45-55 2024 合金 -155 | 57 (6063-T5) | 45~100 2024-155 | 660 | 立方最密（面心立方）構造 |
| チタン（合金） | 4.5 | 純 Ti 320 合金 980 | 133 | 純 Ti 合金 110-150 | 1667 | 六方最密構造 |
| マグネシウム（合金） | 1.74 | 純 Mg 46 合金 230-250 | 133（AZ31） | 純 Mg 46 合金 49-75 | 649 | 六方最密構造 |
| プラスチック | 1.7 ～ 1.9 | 20-52 | 12-31 | – | – | – |

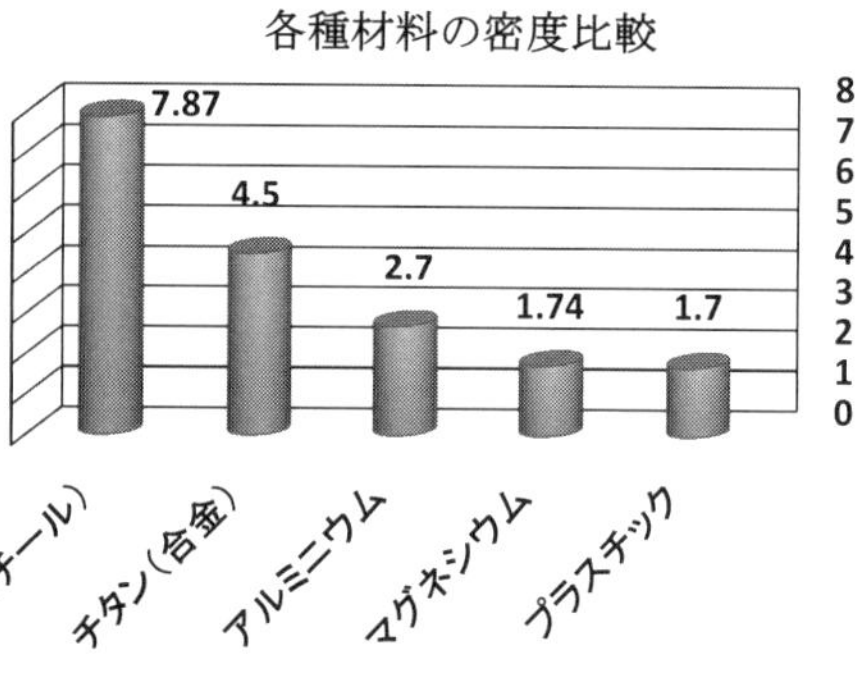


図3－2　各種材料の密度（比重）比較

したがって、密度（g／㎤）は、物質の質量（g）／物質の体積（㎤）から求めることができるのです。つまり密度の値が大きいほど、重い＝密度が高いのです。読み方は「グラム毎立方センチメートル」と読みますが、個々の物質の密度は理科年表に載っていますから、この密度（比重）の値を参考にすれば客観的な軽い、重いの判断ができます。軽量材料などを使うことによって軽量化は車など燃費の向上にも大きな効果があります。つまり重いものを持ち上げようとすれば、それだけ大きなエネルギーを使うことになるわけですから、自分が車いすに乗って車輪を回すには軽いほどエネルギー効率が良いということになります。Mg（マグネシウム）は**図３－２**に示すように、密度は鉄の約４・５分の１、アルミニウムの１・６分の１と実用金属材料のなかで最も軽量な材料です。さらに比剛性、比強度（密度が小さくても強度が弱くては実用的ではありませんので、引張強さ／密度で材料を評価します）に優れています。**表３－１**から鉄の引張強さは４００MPa程。アルミニウムやマグネシウムの強度は鉄の１／３～１／２程度です。他方、比強度で材料を比べますと、マグネシウムのＡＺ31合金（アルミニウム約３重量％と亜鉛約１重量％）の場合、比強度は１３３ですが、鉄は78ですから、チタンやマグネシウムに比べて比強度は半分以下です。またマグネシウムはリサイクル性などに優れているため軽量性に加えて、とても有望です。しかし、既存のMg合金は機械的特性や耐食性が不十分であったため、これまでは特殊な例を除いて航空機や自動車の構造用部材として用いられることは少なかったのです。

### (a) 各種金属材料の引張強さと比強度

各種金属材料の引張強さと比強度の関係を**表３－１**や**図３－２**に示します。**図３－３**の縦軸を比強度にして比べますと、マグネシウム合金やチタン合金は鉄鋼材料やプラスチック系材料よりも優れています。とくにチタン合金は比強度が飛び抜けて高いことからもわかります。

比強度(specific strength) ＝引張強度／密度(比重)

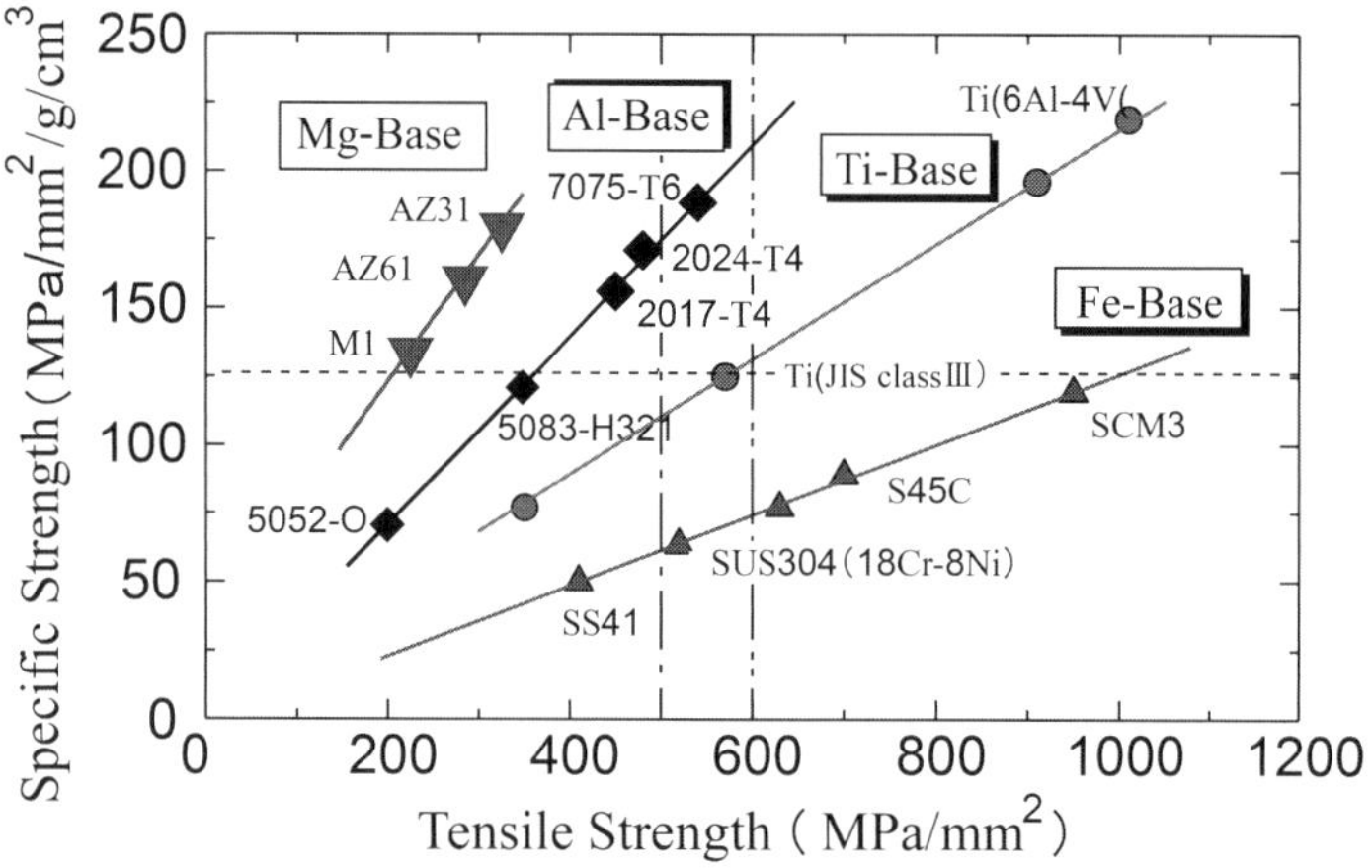


**図 3−3　マグネシウム合金と他材料の引張強度 / 比強度**

このように一般に使用されている材料であっても高価格、さらに使い慣れていない、加工しにくいなどの理由から、福祉用具や義肢装具に使われてなかった材料がありました。他方で、複合材料などは加工困難な材料も多くあります。とはいえ、この分野の材料には欧米の輸入製品が多いのが特長です。今後も、益々この分野の材料は輸入依存度が高まる傾向にあります。原因はいくつかありますが、義肢装具や福祉用具などの製品を製造している国内メーカの多くが零細企業や中小企業です。このため義肢装具に適した材科を大手メーカに製造依頼したことがありましたが、「あまりにも小ロッド（生産量）」であることを理由に、個々に対応してもらったことは、ほとんどありませんでした。零細・中小企業の独自技術では、どんなにがんばっても材料開発まで対応することは不可能です。

義肢装具、福祉用具に使われる材料の重要課題は軽量化です。無くなった片足の重さが仮に５kgあったとします。しかし、片足を無くされた人は、質量（重さ）が半分以下である１～２kg程度の義足をつけても非常に重く感じるそうです。これまで軽量化と言えば、アルミニウム合金が使われており、ある程度の成功をおさめてきました。けれども、すべての部位がアルミニウム合金に置換されたかと言えばそうではありません。アルミニウム合金は「軽い」のですが「強度」が足らないため、強度を必要とする〈部分〉には依然として重いステンレス鋼などが使われています。

マグネシウムは１８０８年にH・デービー（Davy）によって発見されました。商業的な生産は１８８６年アルミニウムと同じ時期にはじまりましたが、マグネシウムは製錬が難しかったことなどから、アルミニウムに比べますとその実用化は大幅に遅れました。その後、１９０９年にドイツのG・エレクトロンが発明したエレクトロン合金があります［１］。

第一次世界大戦を契機に主に軍事利用を目的とした金属マグネシウムの需要が伸び、１９３９年の総生産量は約33万トン、１９４３年にはアメリカだけで18・５万トンになり、１９９０年代には西欧諸国だけで30万トンを上回りました。２０００年代に入ると、前述したように中国での生産量が増えはじめ、現在では**図３－１（b）**に示したように２０２０年のデータでは中国は97・1万トンになり、100万トンを超える生産量に達しています。マグネシウムは比強度に優れていますが、振動吸収性にも優れています。合金組成によって変化しますが、純度の高いマグネシウムほど振動吸収性は高くなります。

この合金はマグネシウムにアルミニウム（Al）と亜鉛（Zn）を合わせて10重量%以下を加えたもので、「AZ」の名称は合金のASTMの名称にもなっています。この合金が非常に有名になったことから「エレクトロン」という名称がマグネシウム合金の代名詞のように使われています。そこで「AZ31」はアルミニウム3%＋亜鉛1%合金＋マグネシウム合金（ベースメタル）のこと。「AZ63」はアルミニウム6%＋亜鉛3%合金＋マグネシウム合金のことを意味します。またマグネシウムは切削抵抗が小さいため、早い速度によって切削加工が行なえます。所要切削動力指数は、マグネシウムを1とすると、アルミニウムが1・8、鉄は6・3になります。さらにマグネシウムは150℃、100時間の加熱でも寸法の変化量が8×10マイナス8乗と小さく、100℃以下ではほとんど変化することはありません。

（b）腐食問題

マグネシウムはリサイクル性に優れた材料で、マグネシウムの再生に要するエネルギーは、新しくインゴットを製造するときに比べて4%小さいという優れた性質を有しています。またマグネシウム合金は耐食性に問題がありましたが、現在では大幅に改善されています。とはいえ、アルミニウムにおける防食表面処理のような技術が確立されていないので、「耐食性」に大きな問題があります。

実用的な耐食処理としては、①合金化＝亜鉛と希土類元素はそれぞれの酸化皮膜中に取り込まれ、表面の不働態性の制御因子である水和を抑制し、内層からのマグネシウムの拡散抵抗を高めることを高分解電子顕微鏡によって酸化皮膜の結晶構造と形態の直接観察による結合状態と化学組成の定量的解析などを行い、皮膜中における希土類元素酸化物の存在が、表面の不働態性の改善や、Mg＋RE（希土類金属）合金の腐食耐性にとくに効果的であることを指摘することによって、湿式環境中での安定性を増大していることを指摘している論文があります。②化成処理＝塗料下地として使用されますが、腐食しやすいマグネシウムにとっては十分とはいえません。③実用化されている陽極酸化処理中の処理液中にクロムやマンガンなどの重金属やフッ化物などの有害物質が含まれているために、環境保全や健康問題が指摘されています。少なくともpH（溶液中の水素イオン濃度のことで、pHが7より小さいときは酸性、7より大きいときはアルカリ性、7付近のときは中性）10以上のアルカリ液中では安定な水酸化皮膜を生成するため、母材の溶解が抑制されるとの論文が多くあります。

また、実用化されている合金としてはアルミニウムを8・3～9・7％、亜鉛0・35～1％、マンガン0・15％以上を添加したダイカスト鋳物として、機械部品や表面処理によって用いられています。

### （c）LPSO型マグネシウム合金

2001年、新しい高強度マグネシウム合金が開発されました。これまでマグネシウムないしはマグネシウム合金は機械的特性がアルミニウムに比べて劣っている、あるいは加工中や使用中に、「発火しやすく、危険な材料である」と考えられてきました。しかし、これらの懸念を覆す新しいマグネシウム合金が日本で開発されたのです。この合金が長周期積層型構造の材料で化合物相や中間相で強化された材料で、LPSO（Long Period Stacking Order）と呼ばれる新合金です［2］。

一般にマグネシウム（合金）は化学的に活性（酸化反応熱が高い）であるため、酸化によって温度の上昇が生じます。通常はその反応速度は「切りくず温度」が上昇するにつれて、発火温度に近づきます。発火温度に到達すると発火します。マグネシウムの酸化皮膜は多孔質な（ミクロな空隙が多い）ために酸素が入りやすく、拡散しやすいために発熱速度が放熱速度を上回ってしまいます。

このため切削中に「切りくず」に火花が生じ、やがて連続的に燃えが広がっていきます。とは言え火花はバルク（塊状）材に生じるのではなく、切りくずに発生するのです。つまり火花は刃先よりわずかに離れたところ、つまり切りくず生成後、ある時間経過してから発火をします。このようなことから「発火・燃焼は、刃先部の温度ではなく、酸化反応熱による温度上昇が原因であることがわかっています」。また発火防止に考慮すべきことは以下のように指摘されています［3］。

①羽毛状切りくずの発生を避けます。

②切れ刃丸味半径の厳密な管理—羽毛状に最も敏感に影響するのが丸味半径ですから、鋭利で摩耗に耐える材質の工具を選択します。たとえば単結晶ダイヤモンド、ルビー、サファイアなどの刃材でコランダム、炭化ケイ素（SiC）などで丸味半径が数10ｎｍで硬く、摩耗に耐えるものを使うことが推奨されています。

これらの合金には耐熱性の向上のために希土類金属が添加されています。常温での機械的性質はアルミニウム合金に比べて多少劣りますが、２５０～３００℃での高温においては遜色《そんしょく》ない性質が得られています。他方でマグネシウムは資源からみますと、クラーク数（地球上の地表付近に存在する元素の割合を質量パーセント濃度で表したもの）で、一番多いのは酸素で、続いてケイ素、アルミニウム、鉄の順に続き、カルシウム、ナトリウム、カリウム、マグネシウム、水素、チタンとなり、マグネシウムは第8位です。実用金属では4番目に多いのです。

他方で、海水1リットル中にマグネシウムは1・3g含まれています。この意味でマグネシウムは日本でも自給できる資源といえます。

### (d) マグネシウム合金を切削加工する際の注意点

マグネシウムは難加工材料とも言われていますが、じつは切削抵抗が小さいために、被削性が高く切削加工しやすい金属なのです。マグネシウムの切削抵抗を1・0とした場合、アルミニウムが1・8、鉄は6・3です。加工・切削について注意が必要な点もあります。マグネシウムの切削加工を高効率に実現するためには、以下の注意が必要になります。とくに、マグネシウム合金の切削加工に「水溶性切削油」を使用しますと、水溶性切削油の水分とマグネシウムの切り屑が触れることによって、火災や爆発事故が発生する恐れがあります。燃えているマグネシウムに水をかけると火勢は増してしまいます。事故を防ぐにはマグネシウムを切削するときには一般切削用の水溶性切削油ではなく、「鉱物油系」あるいは「マグネシウム切削用」の切削油を使用する必要があります。とくに注意しなければならないのは、マグネシウムの持つ燃焼性です。この燃焼のメカニズムは、金属マグネシウムが大気中の窒素（空気の成分は窒素が78%、酸素21%、アルゴンが約1%）と反応して、窒化マグネシウムを形成します。この窒化マグネシウムは水と激しく反応して高温になります。マグネシウムは常温の水とは反応しませんが、高温水や塩化物イオンを含む水溶液中では水と反応し、水素ガスを発生しながら水酸化マグネシウムを形成します。つまりは燃焼中のマグネシウムに適度な水が触れると、水を分解し、水素と酸素が発生し爆発を起こしたり、マグネシウムの燃焼を加速させます。また適度の水を含むマグネシウムの切くずや微粉は、前述したように裸火によって容易に着火し、水を分解して水素と酸素を発生し激しく燃焼します。年配の方であれば、写真撮影のときにものすご～～い閃光と発光音の記憶を持ち続けている人もいるでしょう。

高温水や塩化物を含む水溶液中で水と反応し、水素を出しながら水酸化マグネシウムを形成します。

これらの化学反応が生じないようにさせることが重要なことです。このためにはマグネシウムの切り粉や切り屑は酸素や水分とも反応する可能性がありますので、切削送りや切込みを小さくしない、切れ刃を被削材に食い込ませたまま送りを停止することは避ける、微細な切り屑が出ない切削条件を設定する、薄い切り屑や微粉をできるだけ出さないなどの加工を行うことがベストです。マグネシウム合金は軽量で強度もあり、精製が容易でリサイクル性も高いことから、さまざまな分野で使われいる素材です。またマグネシウムはリサイクル可能な材料ですから、素敵な材料です。他方で、チタンは**図3－5**に示すように海水中では、白金に匹敵する耐食性を発揮、他の主要金属より優れているこれからの素材といえます。

参考文献

［1］J.L.Haughton and W.E.Prytherch：Magnesium and its alloys（1937）、His Majesty's Stationery Office（London）
［2］監修 鎌土重晴、小原 久、マグネシウム合金の先端的基盤技術とその応用展開、p・114、シーエムシー出版（2012年）
［3］小川 誠、「切削技術」：マグネシウム合金の先端的基盤技術とその応用展開、監修 鎌土重晴、小原 久、シーエムシー出版（2012年）
［4］マグネシウム合金の基礎知識。安全な加工を行うための注意点 https://sakusakuec.com/shop/pg/1magnesium

## 3・2 チタンの基礎知識

### (a) チタンの機械的特性

チタンは、①軽い、②強い、③さびにくいなどの特長があります。厳しい使用条件や環境にも対応、多彩なメリットを持つ魅力あふれる最先端の実用金属として知られています。チタンの密度は前述しましたように約4・5で鉄の約半分の軽さです。同じ体積の2つを持ってみますと、ほんとうに軽さを感じます。またクラーク数は10番目ですから、資源的にも十分に存在している元素です。チタン本来の特性に加え、純チタン、チタン合金としてさらに優れた性質を発揮し、先端技術に欠かせない存在になっています。

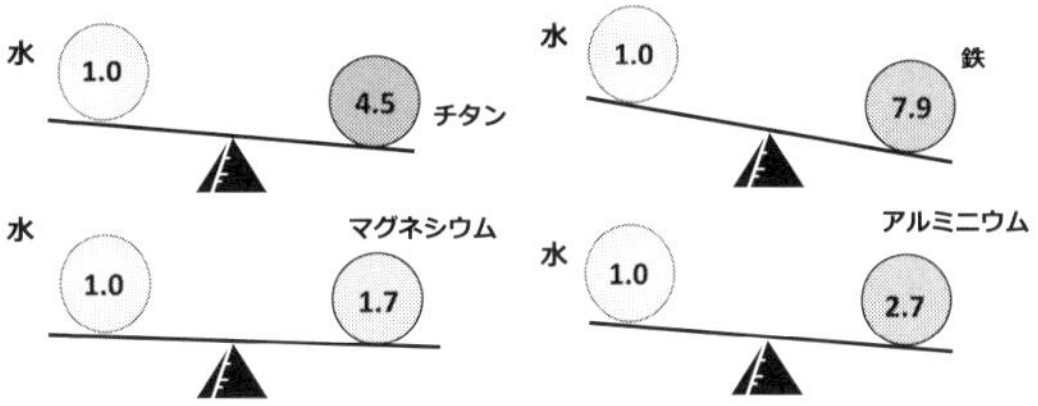


図3−4　チタンと他材の密度（比重）比較

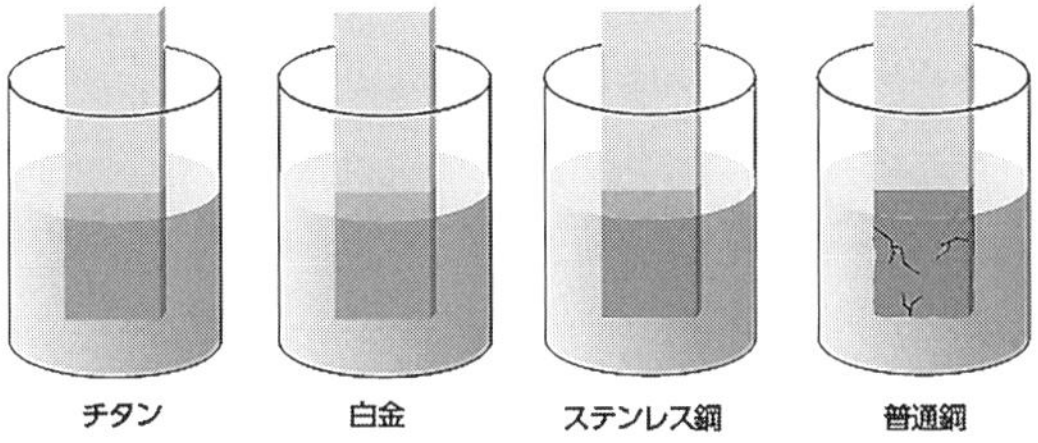


図3−5　チタンの高耐食性（耐海水性）特性［日本チタン協会HP］

またチタンは本来持っている特性を活かしつつ、アルミニウム、バナジウム、パラジウム、モリブデン、クロム、ニオブなどを添加することによって、機械的・物理的・化学的な性質をいちだんと高めた合金もつくられ、先端製品、未来技術の開発に不可欠な材料として用いられています。チタンの比重は**図３−４**に示すように約４・５で、銅（比重は約９）ですから約半分、鉄の約60％という軽さですから実用材料としては魅力のあるものでした。これに対してマグネシウムの密度は１・７ですから、密度だけを考えた場合、軽いと言われているチタンより2・6倍以上も軽いことがわかります。これは実用合金として最強といえます。

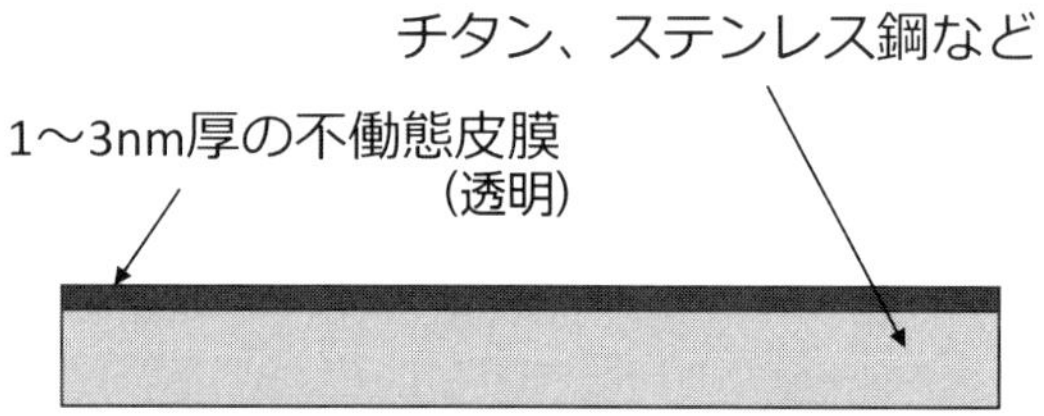

図3−6　チタンの酸化皮膜（不働態皮膜）

もちろんアルミニウム合金は密度、価格的にも実用的な材料といえますが、チタン合金やマグネシウム合金は、軽量化の要望に応えるように浮上してきた材料です。**図3−3**から明らかなように、同一の比強度（引張強さ／比重）を得るには、例えば比強度125MPa/mm$^2$/g/cm$^3$（破線）のラインで示すように、ステンレス鋼（鉄基合金）はアルミニウム合金の3倍、チタン合金の2倍の強度が必要になり、ステンレス鋼は軽量化の視点からは不利と言えます。しかし、別の視点から**図3−3**をみると、引張強さは1ミリ平方当たり500MPa（一点鎖線）のラインまでは明らかにアルミニウム合金が有利ですが、1ミリ平方当たり600MPa（二点鎖線）のライン以上の引張強さは現有アルミニウム合金では得られないことがわかります。

一方で股関節パーツなど高強度条件で用いるような部位には、チタン合金が強度ないしは軽量化から極めて有利であることがわかります。純チタンおよびチタン合金の優れた特性を義肢装具に積極的に取り入れ、その実用化の可能性を追求した試みが日本チタン協会の「チタン福祉研究会」において検討されてきました。具体的には、①仮義手用筋金、小児用骨格構造義足、海水や塩素（プール中）に対する耐食性に優れた水泳用義足などに優れた成果をあげています。②研究会の発足当初は材料コストと、難加工性などの点から商業ベースにのせるには時期尚早と考えられてきましたか、今では時節を得た研究会として関連学界、業界からも評価されています。コストについてもそれに見合うだけの製品寿命や、性能を得ることができれば付加価値が大きくなって、問題が解消されると考えがちです。しかし厚生労働省が定めた「指定基準価格（障害者の日常生活及び社会生活を総合的に支援するための法律に基づく補装具の種類、購入又は修理に要する費用の額の算定等に関する基準に係る完成用部品の指定について）」がネックになり、付加価値は正当に評価されにくく、越えなければならないハードルはいくつもあります。

とくに**図３－５**に示すようにチタンは白金と同等の耐食性を示しますが、図はカラーでないのでわかりにくいと思いますが塩酸や硫酸などの非酸化性酸に対しては、濃度・温度条件によっては腐食されますので注意が必要になります。

純チタンは多くの環境でステンレス鋼をしのぐ優れた耐食性を示しますが、苛性ソーダなどのアルカリに対しては、極端な高温や高濃度の条件を除いて、十分な耐食性を示します。なお海水に対する耐食性は、白金に匹敵します。ほとんどの腐食液に対しても、耐食性を示すわけではありません。もう一度チタンの優れた耐食性をおさらいしてみましょう。チタンは、海水中では、白金に匹敵する耐食性を発揮、他の主要金属より優れています。

チタンは図3−6に示すような、1〜3ナノメートルの極表面層にできる安定な酸化皮膜（この薄い膜を「不働態皮膜」と呼びます）が生成されています。この酸化皮膜の存在によって優れた耐食性を発揮するのです。またチタンの耐食性は、溶接、加工、熱処理、などの材料履歴によっても劣化しません。なお酸素、水素、窒素ガスとの親和力が比較的大きいので温度や、圧力などの条件によっては使用上の注意を要します。

（b）不働態皮膜と陽極酸化処理

チタン表面の不働態皮膜は二酸化チタン（Ⅳ）（$TiO_2$）、二酸化チタン＝チタニア（TiO）や、酸化チタン（Ⅲ）＝コランダム（$Ti_2O_3$）などが生成します。あるいはこれらの水和物から構成された酸化皮膜が生じます。これらがチタンの素地から順に層状構造を成し、チタンの不働態化は最表面に安定度の最も高い$TiO_2$が生成します。水溶液中ではこのチタンの酸化皮膜は強い酸化性から弱い還元性におよぶ環境において幅広いpHにわたり安定であることが知られています。またチタンの酸化皮膜中では水素が拡散しにくく、腐食環境などにおけるチタンの水素の吸収に対する障壁の効果が認められています。チタンの不働態皮膜の生成条件は膜の性質に影響し、耐食性などの保護機能が変化します。大気中の加熱酸化で形成された酸化皮膜の厚さは、加熱が高温・長時間側になるにつれ膜厚は増大し、７００～８００℃を越えると、割れ、剥離が発生し、膜質は劣化していきます。通常、チタンは空気に触れていると表面が酸化し、不動態化します。チタンの場合、酸化しますと酸化チタンになります。４価なので正確には二酸化チタンと呼ばれます。

他方、ステンレス鋼は、鉄にクロムなどが含まれた合金鋼です。ステンレス鋼が錆びにくいのは、この含有されているクロムによります。クロムは空気中で酸化しやすく、ステンレス鋼の表面に「不動態皮膜（酸化被膜）」と呼ばれる非常に、薄い皮膜を形成します。不動態皮膜は、ちょっとした傷がついても、酸素があればすぐに再生され、サビの進行を阻止します。この不動態皮膜によって表面が保護されているため、ステンレス鋼が錆びにくくなっています。

### （Ｃ）工業用チタンの難加工性とＪＩＳ規格

①金属学（結晶）的にみると鉄は「体心立方格子」ですが、チタンは「最密六方格子」を有しています。この結晶系がチタンの加工性を悪くしています。塑性変形は結晶中の転位（格子欠陥＝線欠陥）の運動によって変形します。では、なぜ難加工材料なのかというと、そもそも、この結晶構造が加工しにくいのです。チタンは六方（晶）格子という結晶構造のために、加工を困難にしています。

②チタンは熱伝導率が小さく、化学的に活性なため、切削時に発生した熱が被削材を通して解放されにくく、単位面積当たりの比熱も小さいので、熱の逃げ場がなく、工具（切削バイトやドリルなど）と加工材に熱が蓄積されるため、工具の磨耗が大きくなります。

③継続的な変形により、切りくずが生成されるため、刃先に加わる切削抵抗の変動が大きく、刃先が欠けたり大きく磨耗しやすくなります。

④ヤング率が小さいため切削したときに加工材が大きく変形しやすく、とくに薄物の加工では、加工精度の低下やびびりが生じます。ヤング率は1軸の引張り試験を行ったときの長さの伸び量と、直角方向の縮み量の比で表します。塑性変形は、この外力を除いても元の状態に戻らない状態をいいます。ちなみにゴムのヤング率は０・０１～０・１（ＧＰａ以下単位略）です。テフロンは０・５、ナイロン１・２～２・９、マグネシウム合金45、アルミニウム合金69～76、ガラス80、チタン１０７、鋼２０１～２１６です。ヤング率が小さいということは、簡単に説明をすれば「曲がりやすい」ということです。

⑤磨耗した工具や薄い切りくずが出る条件で切削した場合、熱で切りくずが発火することがあります。チタンを切削するときの工具の先端温度は、鋼を切削する場合に比較して２～３倍の高温になり、毎分３メートルで約５００℃、毎分10メートルで約１０００℃にもなります。鋼ではそれぞれ３００～４００℃とされています。

## (d) チタンおよびチタン合金の特性

チタンは純チタンとチタン合金があります。また結晶系の違いからアルファ（$\alpha$）、ベータチタン（$\beta$）、$\alpha+\beta$チタンなどがあります。すべてをお伝えすることはできませんので、一例を紹介しますと、純チタンは常温（室温）では最密六方晶ですが、軸比がチタン合金よりも小さいので加工性に富んでいます。純チタンの機械的性質にもっとも大きな影響を与える元素は窒素（N）、酸素（O）そして鉄（Fe）です。チタンの代表的な化学成分と引張強度を**表３－２**および**表３－３**に示します。純チタンは１種から４種までありますが、汎用的に使われているのがＪＩＳ2種です。数字が大きくなるにつれて引張強さは高くなりますが、材料の性質上伸び（延性）が低下してしまいます。また4種は歯科用インプラント材料として使われますが、通常では入手するのがとても難しい素材です。

合金は種類が多く、すべてを紹介することはできませんが、「合金」はチタン以外の元素が添加されたものです。合金として代表的なものが、６Al－４Ｖ（ＪＩＳ60種）で、引張強度が１００ＭＰa近くあります。３Al－２・５Ｖはハーフ合金と言われるもので、約半分の合金元素が添加されています。ベータ合金にはＪＩＳ８０種の22Ｖ－４Alと、15Ｖ－３Al－３Cr－３Snが代表的な合金です。Ｖが多く、添加元素が多いので価格は少し高めです。忘れてならないのはその用途です。医療用としてはステント（血管の内腔を保つための小さい器具。ステントの

## 表 3−2　チタンおよびチタン合金の成分と特長 [3]

| 区分（規格名） | 熱処理 | 常温における機械的性質 引張強さ（MPa） | 0.2%耐力（MPa） | 伸び（%） | 特長 | 備考（主な関連企画及び商品企画） |
|---|---|---|---|---|---|---|
| 純チタン | | | | | | |
| JIS 1 種 | 焼鈍 | 410 ～ 270 | ～ 165 | ～ 27 | 成形性 | ASTM Gr.1 |
| JIS 2 種 | | 510 ～ 340 | ～ 215 | ～ 23 | 汎用性の高い代表的品種 | ASTM Gr.2 AMS 4902 |
| JIS 3 種 | | 620 ～ 480 | ～ 345 | ～ 18 | 中強度 | ASTM Gr.3 AMS 4900 |
| JIS 4 種 | | 750 ～ 550 | ～ 485 | ～ 15 | 高強度 | ASTM Gr.4 |

## 表 3−3　チタン合金の成分と特長 [3]

（ST：容体化熱処理 STA：容体化熱処理＋時効処理）

| | | | | | | |
|---|---|---|---|---|---|---|
| α合金 | | | | | | |
| 5Al-2.5Sn | 焼鈍 | ～828 | ～793 | ～10 | 溶接性、耐熱性 | ASTM Gr.6、AMS 4910、4926、4966 |
| 1.5Al（JIS 50 種） | | ～345 | ～215 | ～20 | 耐熱性 | ASTM Gr.37 |
| Near α合金 | | | | | | |
| 6Al-2Sn-4Zr-2Mo-0.08Si | 焼鈍 | ～930 | ～860 | ～10 | 耐熱性 | AMS 4919、4975、4976 |
| α - β合金 | | | | | | |
| 3Al-2.5V（JIS 61 種） | 焼鈍 | ～620 | ～485 | ～15 | 冷間加工性 | ASTM Gr.9 |
| 6Al-4V（JIS 60 種） | | ～895 | ～825 | ～10 | 汎用性の高い 代表的合金 | ASTM Gr.5 |
| 6Al-4V ELI（JIS 60E 種） | | ～825 | ～755 | ～10 | 低温靭性 | ASTM Gr.23 |
| 6Al-2Sn-4Zr-6Mo | STA | ～1170 | ～1105 | ～10 | 耐クリープ性 | AMS 4981 |
| β合金 | | | | | | |
| 22V-4Al（JIS 80 種） | ST | 900～640 | 850～ | ～10 | 冷間加工性、時効硬化性大 | − |
| 15V-3Al-3Cr-3Sn | ST（STA） | 945～745（～1000） | 835～690（965～1170） | ～12（～7） | | AMS 4914 |

多くは動脈が狭くなった心臓、下肢などの血管を拡張する目的で使用されます。ステントはバネ力で自然に拡張するものと、バルーン（風船）で拡張して、その形状を保つものがあります）や内視鏡パーツとして、分析用としてはピアッシング（分析用ニードル）ノズルなどがあります。チタンの比重は前述したように鉄の約60％と軽く、海水や薬品に対する耐食性が非常に高いことです。そのため工場や船舶の熱交換器や、そのパイプなどにも用いられています。チタン合金は、純チタンより強度が２～３倍も高くなります。このため航空機用のエンジン部分にはチタン合金が使われています。民生用としてはベータ合金の特長であるスプリング性を活かした眼鏡フレームにも使われています。さらにチタンの海水に対する耐食性は白金相当です。

他方で、チタンの表面には**図３－６**に示したようにごく薄い「チタン酸化物の皮膜（不働態皮膜）」ができることで、この皮膜が外部からチタンを保護しています。つまり不働態皮膜は緻密で、空気分子＝酸素や腐食性の酸や海水などの腐食性の環境からチタンを守っています。しかも、このチタンの不働態皮膜は他の金属に比べて強固です。このことが極めて優れた耐食性を示す大きな要因となっています。

**参考文献**

［1］　技術コラム《研削・切削加工コストダウンセンター .com（machining-costdown-nter.com）
［2］　https://www.atuen.com/ihp/ sub120.html　チタンの加工について（atuen.com）

## ３・３ アルミニウムの基礎知識

アルミニウムは、ボーキサイトという鉱石を溶融塩電解によって精製する素材です。元素記号はAlで、鉄よりも軽くて耐食性があり、通電性・熱伝導に優れますが、酸に弱いといった短所があります。アルミニウムは私たちの身近なところで使われており、例えばフライパン、飲料缶、飛行機や新幹線のボディ、サッシ、金属バットなど幅広く使われており、高く評価されています。アルミニウムのＪＩＳ記号はＡの後に４桁の数字がつきます。Ａ１０００系だけが純アルミニウムであり、それ以外は合金です。各系統の代表的な記号は**表３－４**に示します。

Ａ２０００系の代表はジュラルミン（0.5Si-4Cu-0.7Mn-0.5Mg-Al＝Ａ２０１７）、超ジュラルミン（4.4Cu-0.6Mn-1.5Mg-Al＝Ａ２０２４）で、鉄合金と同じ程度の強度があります。Ａ５０００系およびＡ６０００系は加工性・耐食性に優れていて、構造用にも使用されています。アルミニウム合金の中でもこの系が最も多く使われています。Ａ７０００系はアルミニウムの中で最も硬く、鉄鋼のＳＳ４００（０・１Ｃ－Ｆｅ）よりも引張強さが高く、強度の必要な構造用に使われています。超々ジュラルミン（1.6Cu-2.5Mg-5.6Zn-Al＝Ａ７０７５）の引張強度は５７０ＭＰａもある合金です。

**表3−4　アルミニウムおよびアルミニウム合金の成分と特長**

| 系　統 | 成　分 | 特　長 |
|---|---|---|
| A1000系 | 純アルミニウム | 加工性・溶接性・耐蝕性に優れているが、強度は弱いために構造用には使われない |
| A2000系 | アルミニウム＋銅＋マグネシウム添加の合金 | ジュラルミン（A2017）、超ジュラルミン（A2024）ともいい、鉄合金と同じ程度の強度がある |
| A3000系 | アルミニウム＋マンガン添加 | マンガンを添加することで純アルミニウム(A1000系)の特長を残して、強度を高めた |
| A4000系 | アルミニウム＋シリコンの合金 | シリコンの添加によって溶融度が下がるため、溶接ワイヤーなどに使われる |
| A5000系 | アルミニウム＋マグネシウムの合金 | 加工性・耐食性に優れており、構造用にも使用される。アルミニウム合金の中でもこのA5000系が最も多く使われている |
| A6000系 | アルミニウムにマグネシウム＋シリコン添加の合金 | A5000系と同じで加工性・耐食性に優れ、構造用にも使われる。アルミサッシなどに使われている |
| A7000系 | アルミニウム＋亜鉛＋マグネシウム添加の合金 | アルミニウムの中で最も硬く、鉄鋼のSS400（0.1C-Fe）よりも引張強さが高く、強度の必要な構造用に使われる。超々ジュラルミン（A7075）と呼ばれている |

## 3・4　プラスチックの基礎知識

私たちの生活を見回してみますと、プラスチック製品が多数飛び込んできます。まずは多くの文具類、ボックス・ケース、浴槽、料理器具のカバー……、数え上げればきりがありません。ではプラスチックとは何なのでしょうか。プラスチックは軽い、耐水性、さびない、電気を通さない、加工しやすいなどの特長があります。注意することは金属製品からプラスチックへ替えたときに注意することがあります。金属の形状をそのままプラスチックにしますと大きな問題を起こすことがあります。たとえばプラスチックはヤング率が小さいので、これを補うために曲面構想にすることはよく知られたことです。これは成形時の樹脂流れを考えて、コーナーに曲率（R）をとり、角は丸めておくことによって型抜きのときに、ひずみを掛からないようにすることが必要です。樹脂（プラスチック）は、長いひも状の高分子が絡み合って構成されています。加熱されて溶融状態となった樹脂は、分子運動している状態です。溶融状態から一定の温度に下げて固化（硬化）するとき、結晶性樹脂と非晶性樹脂では、分子の停止状態に違いが生じます。

「結晶性樹脂」は溶融樹脂の温度が低下するごとに、分子運動がゆっくりと収まってきます。樹脂の温度が「結晶化温度（Tc）」まで低下し、固まったときに分子が規則的に並んだものが結晶性樹脂です。結晶部分の構造は「折りたたみ構造」と呼ばれます。主な結晶性樹脂には、PE（ポリエチレン）、PP（ポリプロピレン）、PA（ポリアミド）、POM（ポリアセタール、ポリオキシメチレン）、PET（ポリエチレンテレフタレート）、PBT（ポリブチレンテレフタレート）、PPS（ポリフェニレンサルファイド）、PEEK（ポリエーテルエーテルケトン）、LCP（液晶ポリマー）、PTFE（ポリテトラフルオロエチレン＝商品名テフロン）などの材料があります。

「非晶性樹脂」は溶融樹脂の温度がある温度まで低下すると、分子運動が停止します。このとき分子同士が手をつながずに（結晶部分を持たず）、不規則に絡み合ったまま固まるのが「非晶性樹脂」です。固まった非晶性樹脂の分子の状態は、「ランダム構造」と呼ばれます。主な非結晶性樹脂はPVC（ポリ塩化ビニル）、PS（ポリスチレン）、PMMA（ポリメチルメタクリレート）、ＡＢＳ（アクリロニトリル、ブタジエン、スチレン）、ＰＣ（ポリカーボネート）、ｍ－ＰＰＥ（変性ポリフェニレンエーテル）、ＰＥＳ（ポリエーテルスルホン）、ＰＥＩ（ポリエーテルイミド）、ＰＡＩ（ポリアミドイミド）などがあります。

このように性質や特徴は樹脂（プラスチック）の種類や改良、添加剤などによって大きく異なります。ここではメインテーマではありませんので省略します。

## ３・５　カーボンファイバー（炭素繊維強化プラスチック）の基礎知識

炭素繊維強化プラスチック（carbon fiber reinforced plastic, ＣＦＲＰ）は、強化材に炭素繊維を用いた繊維強化プラスチックを指します。母材には主にエポキシ樹脂が用いられていますが、不飽和ポリエステル樹脂やフェノール樹脂、およびそれら以外の熱可塑性樹脂も用いられています。単にカーボン樹脂とかカーボンとも呼ばれています。炭素繊維強化プラスチックは高い強度と軽さを併せ持っています。工業的あるいは実験室的に作られている炭素繊維にはＰＡＮ系炭素繊維（ポリアクリロニトリル）、等方性ピッチ系炭素繊維（等方性ピッチ）、メソフェーズピッチ系炭素繊維（メソフェーズピッチ）、気相成長炭素繊維（炭化水素ガス）などがあります。最初に開発され、現在もっとも大量に生産されているのが、ポリアクリロニトリルを前駆体とした炭素繊維です。用途の詳しいことは後述しますが、ゴルフクラブのシャフトや釣り竿などのスポーツ・レジャー用品から実用化が始まり、1990年代から航空・宇宙用、自動車などの産業用に用途が拡大しています。また建築、橋梁の耐震補強など、建設分野でも広く使われています。

## (a) カーボンファイバーとは

カーボンファイバーはカーボンのもつ耐熱性、通電性、薬品反応耐性、低熱膨張率、自己潤滑性などに優れています。石油やアクリル系の長繊維を炭化して作られています。他にも機械的強度（高比強度、高比弾性率）にも優れている特徴を持っています。カーボンファイバーには大きく分けて前で述べたようにPAN系と、ピッチ系の2種類があります。PAN系炭素繊維は合成繊維であるアクリル長繊維（ポリアクリルニトリル繊維）から作られています。空気中で200~300℃の温度域で熱処理して耐炎化繊維を作ります。その後、酸素のない状態で1000℃以上で焼き、炭素繊維を作ります。PAN系は高強度、高弾性の特性から航空宇宙分野や産業分野の構造材料、スポーツ、レジャー用品（スキー板・サーフボード・アーチェリーの弓など）に使用されています。ピッチ系は、石炭タールや石油ピッチ（コールタールピッチを原料に高温で炭化して作った繊維）から作られています。ピッチ系は、原料や製造方法の違いから、多様な炭素繊維が作られます。

カーボンファイバー（炭素繊維）は引張弾性・曲げ弾性の特性と、カーボンの持つ性能を兼ね備えた素材です。カーボンファイバーを、そのまま断熱材や通電性のあるマットとして利用したり、基材となる原料に配合して、通電性を持つプラスチックや、断熱性を持つ塗料として使われています。また「CFRP」や、「C・Cコンポジット」の基材として利用されています。近年では綿花やセルロースなどの、植物繊維を高温で焼成して炭素化した「カーボンファイバー」や、「炭化水素ガス」からつくられています。さらに気相成長系のカーボンファイバーも開発されています。

### (b) カーボンの性質

鉄と比較すると密度（比重）は4分の1なのに対して、強度は10倍程度になります。さらには耐摩耗性、耐熱性、熱伸縮性、耐酸性、電導性にも優れているという特長があります。このように金属に代わる素材として注目されています。切削加工においてもカーボンが使用されることがあります。

前述したように、CFRPと呼ばれる炭素繊維が混ざった樹脂があります。加工中にとても細かい切粉《きりこ》が舞い、それを吸い込んでしまうと、肺に傷がついてしまったり、手に付着したまま擦ってしまうとケガをしてしまうので安全への配慮が欠かせないことは言うまでもありません。他方で、切粉がベアリングなどの摺動部に侵入すると、この切粉自体がヤスリのような働きをして、摺動部を摩耗させてしまいます。身体や機械にとって良くない影響があるので、注意が必要です。

### （c）カーボンファイバーからできている素材

一般的には、１０００℃の高温でアクリル繊維を焼いて炭化させた繊維のことです。これを織り込んで作られる布状の素材がカーボンクロスです。このカーボンクロスに樹脂を染み込ませて、硬化させた素材がＣＦＲＰと呼ぶ素材です。主に用いられている樹脂はエポキシ樹脂です。金属と比較しても比強度や比剛性が高い特徴を有しています。しかしリサイクル性に劣るため、成形時間の短縮と高生産性を課題とした研究開発が進められています。

通常は汎用ＦＲＰ（繊維強化プラスチック＝Fiber Reinforced Plastic の略）と呼ばれます。比重は１・５～１・８ですから、鉄の比重７・８に比べてかなり軽量な素材です。カーボン繊維（ＣＦＲＰ）やガラス繊維（ＧＦＲＰ）に、あらかじめ樹脂が含浸《がんしん》され半硬化状態になった材料＝プリプレグシートを使って、そのシートを金型にぐるぐると巻きつけパイプを成形しています。つまりカーボン繊維で造った製品を「炭素繊維強化プラスチック」と呼びます。炭素繊維と樹脂（プラスチック）を複合させた素材です。このため同じ質量で鉄とＣＦＲＰ（炭素繊維強化プラスチック）を比べると、鉄よりも優れた諸性質を示します。この製法を、「シートワインディング（ＳＷ）法」と呼び、他の製法では難しい超肉薄パイプから肉厚のものまで、自由な積層構成ができ、さらに小ロット生産にも適しています。用途としては航空・宇宙業界、スポーツ業界からレジャー業界まで幅広い分野で使用されている素材なのです。このように便利な素材ですが、同じ繊維強化プラスチックのＧＦＲＰ＝ガラス繊維強化プラスチックに比べると価格が高いというデメリットがあります。

ＣＦＲＰはロボット産業、航空産業、医療産業、とくに非磁性・軽量、Ｘ線透過性などのメリットを活かした製品、車いすのシャフトなどの福祉用具にも注目されています。また、すでに使っている人も多いと思いますが、ゴルフクラブのシャフト、テニスラケット、釣り竿などにも利用されています。普通のＣＦＲＰでは〈不飽和ポリエステル〉が原料として使われていますので耐熱温度は１１０〜１４０℃程度です。熱硬化性ですので高温では溶けませんが、高温になると物性が著しく低下しますので高温部材としてはチタン合金が使われています。

非常に多くのメリットがありますが、ＣＦＲＰは超難削材と言われていてコーティングされた超硬エンドミルでも、刃先がすぐに摩耗されてしまいます。このため加工が非常に難しく時間がかかるために、製品価格が高くなってしまうデメリットがあります。さらに塗装することも難しく、繊維の表面形状に依存してしまいます。また加工によって炭素繊維の粉じんが皮膚に付着した場合には、痒みが生じるとの指摘もありますが、できあがった製品には前述したようなデメリットはありませんので、今後は、いかにコストダウンを図るかという大きなテーマが残っています。

# 第4章　どうして超軽量車いすを作ろうと思い立ったのか？

## 4・1　新しいことは若い仲間と

さて、実際にオリジナルの車いすを作るきっかけになったのは、第2章で述べた「ブランディング戦略」、この戦略からはじまりました。ブランディング戦略、「100％下請けからの脱出、メーカーになる」という目標を立てましたが、メーカーになるためにはオリジナルな商材（製品）が必要です。しかし100％下請けでしたので当然それはありません。そこで自社商品を開発すべく、「開発チーム」を作りました。

### (a) 開発チームの結集

20代、30代の肯定的な解釈ができる若手有能社員6名を集め発足しました。なぜ20代〜30代の若手にしたのか。人間は年を重ねると、その分だけさまざまな経験を積み重ねます。なかには成功体験もあれば、失敗もあります。今までの経験上でさまざまなことを解釈してしまうため、新しいことに対してどうしても否定的な発言が多くなりますし、また奇抜なアイデアも出にくくなります。

肯定的な解釈ができる人というのは、基本的に否定的な解釈をせず、固定概念におかされていない考え方を持つ人間が多いのです。否定的な人間を入れてしまうと、提案したアイデアをすぐ否定するので、新しいアイデアが活きないし、出にくくなります。そこで**図4－1**に示す

ブランディング戦略
下請けからの脱出、メーカーになる！
開発チームの発足
20代30代の肯定的な解釈をできる若手有能社員6名で発足

図4−1　開発チームの発足経緯

プロセスにしたがって開発メンバーは絶対に若くて、肯定的な解釈ができる人間でなければならないのです。こうして人選をし、私を含め6名を集めました。

しかし、全員が今まで開発なんてしたことがないので、何をどうやればいいのかわからない。どう進めればいいかもわからない。どうしよう。そこで中小企業支援の公的機関に相談をして、大手企業に在籍した知財の専門家、既に定年退職した専門家の方に開発顧問を依頼しました。開発顧問にまず教わったことは、「ゼロから新しいものを生み出す事はなかなか難しい。」だから既に存在する既存の商材をヒントに、「これをもっと○○したらすごく便利なものができる」「これをもっと小さくしたら」「これにこの機能を追加したら……」。このような考え方でオリジナルな商品を開発する方法を学びました。また、特許の調べ方も学び、既存の特許からも自分たちに繋がるような案件を生み出せるようにしました。

開発グループでは図4-2および図4-3に示すように、各メンバーに開発案件の担当分野を決めました。「あなたは釣り」、「あなたは野球好きだからスポーツね」とか、「DIYをやってくれ」とか「介護と医療を頼むな」、「アウトドアで」と、6人それぞれの得意分野で決めました。共通したキーワードは「不況に左右されない」、「成長していく産業」、「自社の保有技術の延長にあるもの」を選びました。釣りやアウトドアは、不況だと逆に活発化されます。こうしたところに焦点を当ててスタートしました。ちなみに、この6名は専従ではなく、通常業務との兼務。仕事が一通り終わった後、集まってもらったり、週に1回、土曜日にミーティング

・景気に左右されない業界
・今後成長が見込まれる業界
DIY
スポーツ
趣味（フィッシング）
介護、福祉
医療器具

図４−２　何を商材に選ぶか？(1)

アウトドア

図４−３　何を商材に選ぶか？(2)

図４−４　釣り好きが高じた発想

を行い、それぞれが自分の分担をしている分野から1週間のなかで考えたさまざまなアイデアを出し合い、ディスカッションを重ねました。

そして発足から半年ほど過ぎたころ、メンバーのひとりが出したヒントがきっかけに、あるアイデアが生まれることになりました。

「学生時代に怪我をして車いすに乗ったことがあるが、あるとき坂道を車いすで上っていた時に携帯電話に出たら、片手を離してしまったので、ぐるっと反転、その後は、ぐるぐると回りながら下に落ちていき、もう、死ぬかと思うほど怖かった」と。

そこで私が「あっ！」とヒントを得ました。「それは車いすの車輪に逆転防止機能をつければいいんじゃないか」と。私は図４－４に示したように、釣りが好きなので、釣りのリールの構造から発想したのです。釣り用のリールは正転と逆転ができます。逆転はロックさせたりフリーにすることができます。それをそのまま車いすの車輪の軸部に付ければいいんだ。釣り具メーカーに勤めていた体験が活きました。「よしそれでいこう」。まずはすぐに特許をリサーチ。しかし残念ながら軸部に逆転防止のクラッチ機構を搭載した車いすがすでに特許化されていました。一同ショックを受けましたが、その時「それなら外付けにすれば……いいのでは？」。開発顧問のこのヒントが良いアイデアとなり、外付け仕様で逆転防止機能がついた製品の試作品作りに早速取り掛りました。

まずは釣り具のリールを購入し、逆転防止機能部をそのまま移植して作ってみました。見事機能的に上手くいきました。しかし、さすがにリール用では能力不足で人間の体重を支えきれないためうまくいかず、次の試作品は工業用のクラッチを使い設計。しかしこれも上手くいかず、さまざまなクラッチを購入し、トライ＆エラーの試作を繰り返しながら開発を進め、人が乗って、坂道で前に進み、手を放しても後退せずにピタッと止まる。試行錯誤を重ねて、ついに試作品が出来上がりました。

## (b) 試作「もどらん」製作の顛末

次に商品名決め。色々なネーミングが出たなかで「坂道をもどらないから∧もどらん∨でどうかな?」この名前に一同賛同し、商品名が決定しました。命名「もどらん」。早速試作車を試乗してもらい、車いすユーザーさんや業界の人たちに評価してもらわなければなりません。まず、地元の展示会に出展しました。これを示したものが図4－5です。自分たちで木のスロープを製作して持ち込み、そこで試乗をしてもらいました。すると、とても反響がよかったのです。「実際に使って下さい」と車いすに乗りスロープを上ってもらい、「ここで手を放してみて下さい」。スロープ途中で手を放してもらうと「ピタッ」と止まる。「これはすごいね!」と大絶賛でした。「これは開発案件第1号から商品化できるかも……」と、興奮しました。

これで気を良くした開発グループは、介護、福祉の業界の方にも評価を聞きたいと思い、次は車いすの業界の展示会、介護福祉機器展に出展をしました。そして、ケアマネージャーさんや理学療法士さん、介護福祉士さん、老人ホームのスタッフさん&経営者さん、介護用品を扱うディーラーさんなど、業界の方々に体験してもらったところ、なんとここでも大絶賛をいただきました。

「これ、すごいじゃん。どこに売っているの。いくらするの?いつ販売するの?」って。

「ヤバい、これは本当にいけるかも」と思ったときに、突然事件が起こりました。

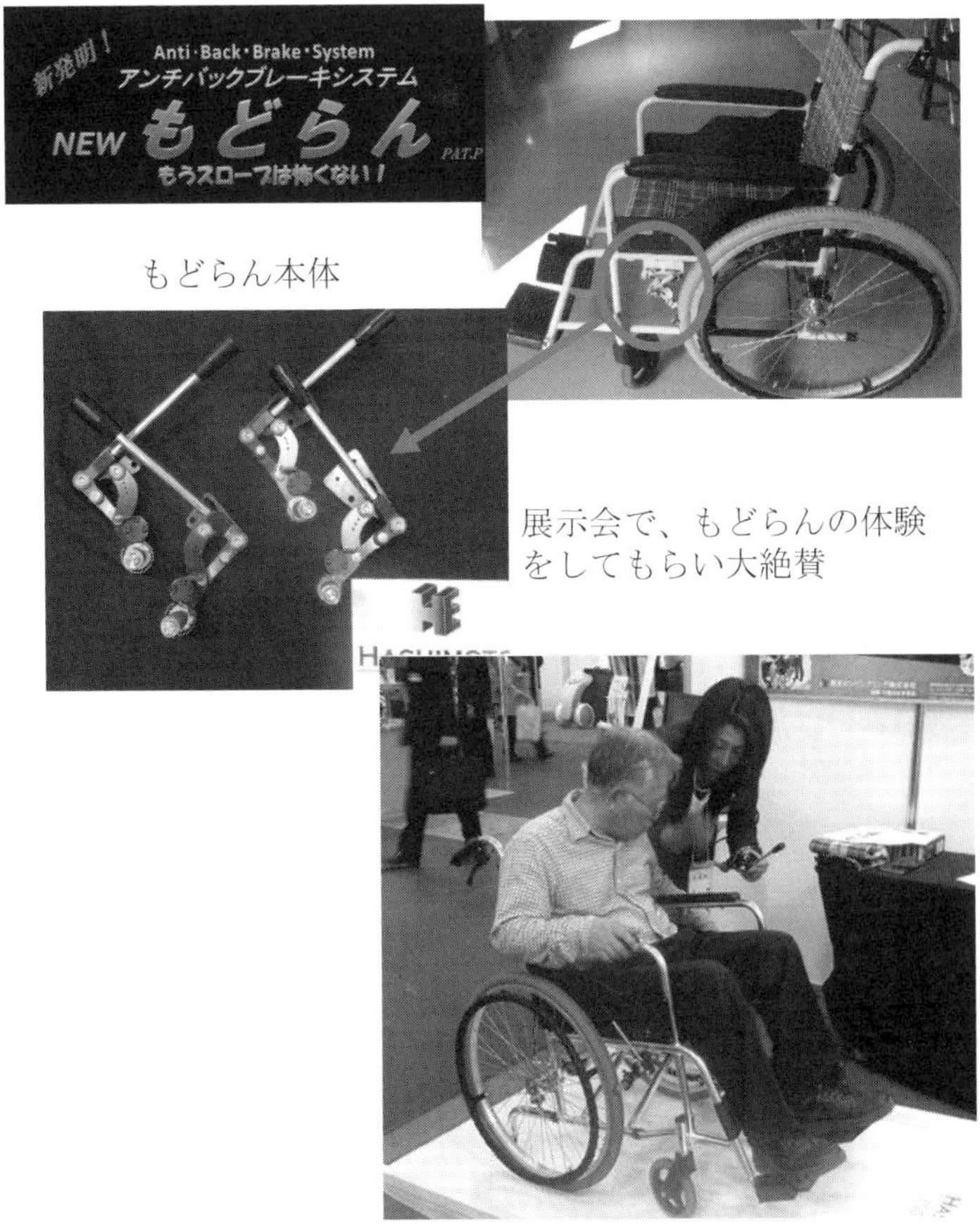


図4−5　「もどらん」の製品化と展示会出展

あるおじいちゃんが試乗の時、もどらんの正規（本来）の操作とは違う方向に無理やり動かして、「バキーン」と壊してしまったのです。

そのとき私は「これはまずい」という危機感を持ちました。なぜなら、これはブレーキなのです。坂道で乗ったとき、手を離してもブレーキは利かなければならない。それが一番の魅力、売りなのです。ですから、もし操作をミスして壊れてしまったら、スロープを真っ逆さまに落ちてしまい、もしかしたら死亡事故にも繋がりかねない。そしたらメーカーになるどころか、会社自体の存続にかかわってしまう。

「このままでは駄目だ。」誤動作しても壊れないものを開発しなければならないと思い、設計開発のやり直しを余儀なくされました。しかし「どうやっても絶対壊れないブレーキ」というものは大変難しく、設計開発は難航。じつは今でも開発が進まず頓挫しているのです。でも、あきらめたわけではありません。ニーズがあることは確かなので、機会があればと……思っています。

さて、介護・福祉の展示会に出ていますと、車いすメーカーが展示会の花形であることに気づきます。展示会で知ったのですが、車いすの種類は大きな括《くく》りで示すと図4－6のように介助式、自走式、電動式に分かれています。その中でも自走式には汎用タイプとアクティブタイプというものがありました。

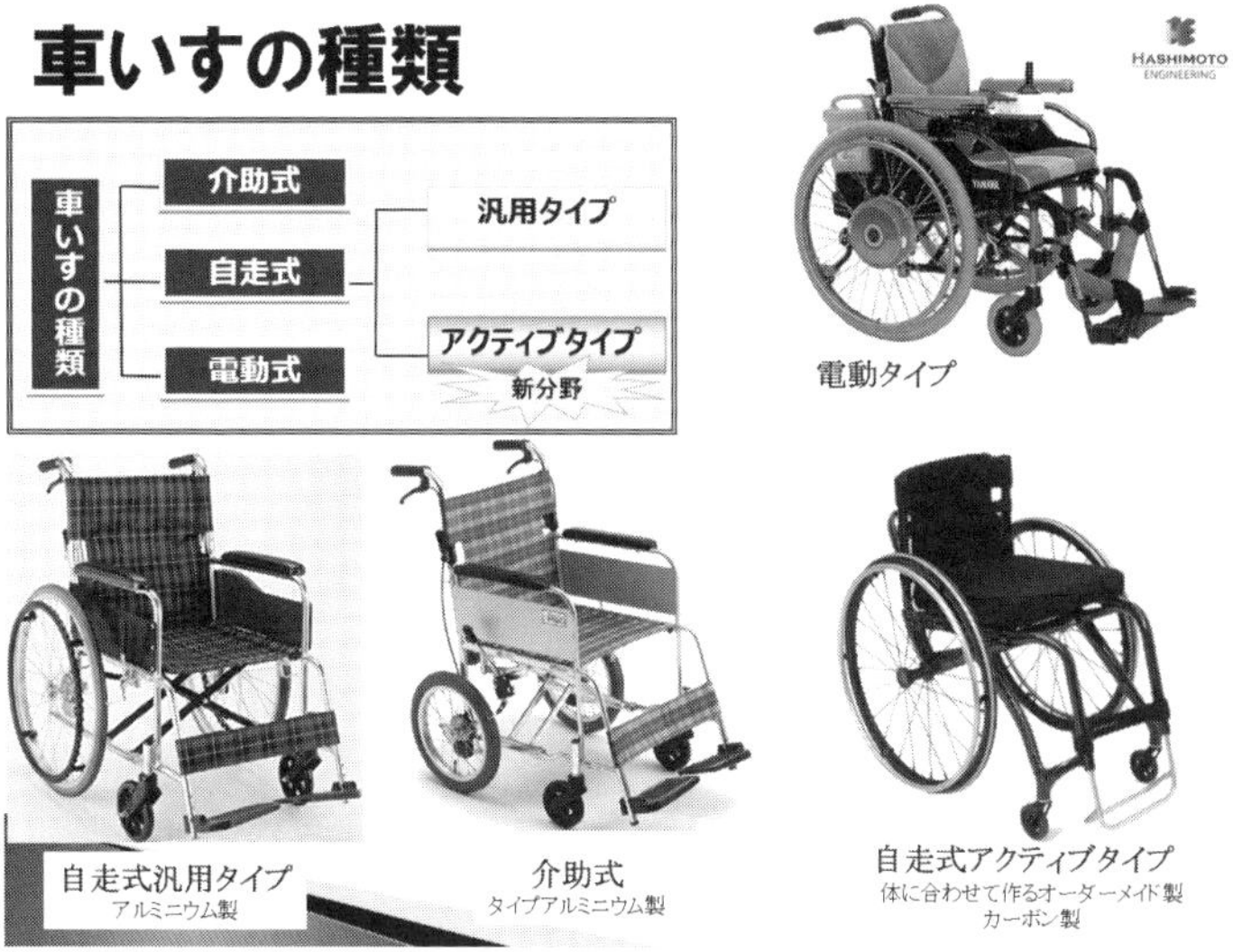


図4−6　汎用車いすの種類と自社製の車いす例

アクティブタイプの車いすは、スタイリッシュなデザイン性と、軽量化を競っているのが見受けられました。どのメーカーも「すごい軽い車いすを作りました。フレーム材料はカーボンです」と、ブースの中央に展示し、軽量を前面に押し出し宣伝しているのです。なぜ軽い方がいいのでしょうか。軽量を謳うことには理由があります。第1に、車いすは介助する人や、または自分自身でも車に積み込む動作が必要になる利用者さんもいます。そうなると車いすを「持ち上げる」という動作がありますよね。持ち上げるにはやはり軽い方がいいのです。また、駅のホームなどでエレベーターがないところでは、駅員さんたちが車いすごと持って運ばなければなりません。それから車いすを操作して漕ぐ人も、介助して押す人も、重たいものを押すより、軽いものを押す方が少ない力で済みます。仕舞う動作も必要です。老人ホームや病院では、毎日車いすを出し入れしています。そのような場では軽いに越したことはありません。車いすは軽ければ軽いほど、乗る人と介助する人、みんなが暮らしやすいのです。このように軽いことが、大きなメリットになることを知りました。ちなみに介助式車いすは、メインの車輪が小さく、自分で漕げない人たちに向けた介助する人専用車いすです。

車いすの中でも自走式の汎用タイプが一般的な車いすにあたります。汎用タイプのアルミニウム製車いすは15kg以上、スチール製は18kg以上あり非常に重いです。病院などは、車いすが大量に必要になりますので、少しでも価格が安価なスチール製が多く使われます。スチール製は安価ですが、鉄なので重量があり重いです。漕ぐ力も要ります。汎用タイプですから、ある程度のお尻の大きい人でも乗れるように、大きく作ってあります。

では、アクティブ形とは何なのでしょうか。それはアクティブに動き回る人たち用の車いすの事を言います。車を運転したり、電車に乗ったり、仕事をしたり、買い物に行ったり、デートに行ったり、一人でどこでも出かける人が使用する車いすです。一日中車いすに乗っていて動き回っても疲れないよう、身体に合わせて作るオーダーメイドの車いすが殆どです。したがって汎用タイプだと、通路などの幅が狭くて通れないところでも、アクティブ形だと身体に合わせてコンパクトに造るため、トイレの入り口やレストランのテーブルの間など狭い所も縫って走行できます。そこで行動的、活動的な人はアクティブ形を使います。

電動タイプは、電動と聞くとシニアカーもその仲間のように思われますが、シニアカーは車いすではありません。実はシニアカーは電動の移動ツールであり、例えばコンビニエンス・ストア（コンビニ）やスーパー、病院には入れません。ですが、電動車いすはデパートにもコンビニにも入れます。なぜなら「車いす」だからです。また近年ではモーターやバッテリー、安全性などが向上、非常に高性能になり、利用者が増えてきています。折り畳んで自家用車やタクシーに乗せられることも魅力の一つです。目的地が遠い場合などは車に積んで行き、そこで電動車いすに乗って行動することが可能になります。シニアカーでは車には乗せられませんから。

図４−７　アクティブタイプは活動的なユーザー向け　写真は MC-X

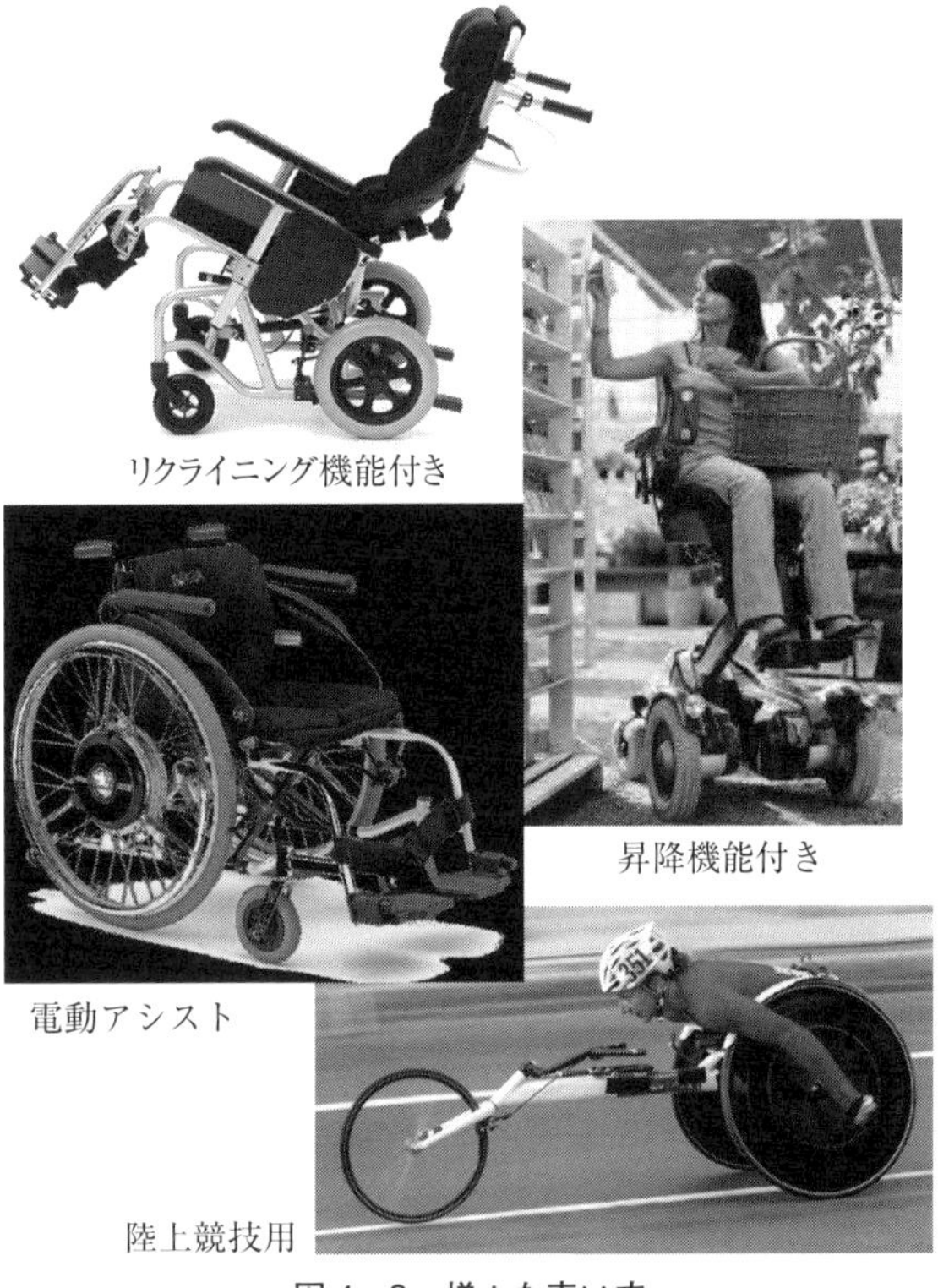


図４−８　様々な車いす

他にも、自転車と同じように電動アシスト型のものがあります。漕ぐとその漕いだ力を認識して、すーっとモーターが動くものが電動アシストです。子ども用とか、リクライニング機能付きというものもあります。これは主に脳性まひの方とか、自分で身体が動かせないような人たちが使います。高いところにも手が届く昇降機能付き車いすもあります。目的がある人はこういう車いすを使っています。あとは競技用だとか、アクティブ系に手漕ぎの自転車のようなハンドルを付けたハンドサイクルは、自転車並みのスピードで走れます。ですから車いすでも、みんなとサイクリングして楽しめます。このように車いすも目的に応じてさまざまな種類があります。

## 4・2　アクティブ系車いすの開発

自走式に話を戻しますが、アクティブ系は、車いすの中では歴史は新しいのですが、それでも誕生してから30年くらいは経っています。利用者はどういう方が多いかというと、基本的には脊椎損傷などの下肢障がい者の方がメインです。脊椎損傷・頸椎損傷は交通事故、転落事故、転倒事故などで、下肢に障がいを持ってしまったのですが、上半身は元気ですから、車の運転もします。後天的な方が多いですが、先天的な障がいを持つ方でも軽度でしたらアクティブ系に乗っています。スポーツをしたりハイキングをしたり、通勤通学、旅行、ダンスなど、いろいろなことをアクティブにしています。健常者と変わらず全部できるように彼らはなりたいし、なる、と決めていろいろなことにチャレンジします。このようなときにカーボン製のアクティブ系車いすは軽量で、とても魅力的です。でも、60～１００万円もします。

軽量がいいことは分かりました。そして確かにカーボンは第3章で述べたように軽い材料です。しかしカーボンファイバー製はコストが高すぎると私は思いました。車いすマーケットは軽さと格好良さを求めています。また高齢化社会を前に、この先、車いすの需要は高まるばかりです。高齢者も自立が求められています。高齢者でも障がい者でも、すごく軽くて、スタイリッシュで、適正価格で購入できる、これが求められているニーズではないだろうか。私はそう思いました。ましてや、ここは浜松です。世界トップレベルのオートバイづくりの町です。浜松の技術、強みを活かして、さらに今ある技術を高度化して、マーケットのニーズに応えたい。そして「軽量、スタイリッシュ、適正価格」を達成したいと心より思いました。

「軽い」「カッコいい」「適正価格」これが市場のニーズだとにらみ、世界最軽量のかっこいい、アクティブ車いすを作ろうということを決めました。コンセプトは、乗りたくなる、出かけたくなる車いす、「乗る喜びを極める」ためにと……。

# 世界最軽量のカッコイイ
# アクティブ車いすを作ろう！

コンセプト

## 「乗る喜びを、
## 極める。」

**世界のバイクの町、浜松の技術力で**

図４−９　「乗る喜びを極める」車いすの開発に着手

# 第5章　モノ作りの浜松で革命を起こす

## 5・1　新型車いすの開発

### (a) もうマグネシウムしかない

「車いすの開発をする」と決めてから、車いすを知るためのリサーチを始めました。軽さを追求するのだから、まず既存の車いすに使用されている材質を調べてみました。この詳しいことは第3章で述べています。復習をしますと、車いすに使われているのは、スチール（鋼）・アルミニウム・チタン・カーボンです。それぞれの材質の特徴を調べてみます。そこにマグネシウムも加えてみました。マグネシウムは当時車いすには使われてはいませんでしたが、選定の中に入れました。まず、1番目のスチールは、病院などにある車いすの材質です。これは安価で、非常に加工もしやすい材料です。成型も溶接もほとんど問題なくできます。強度も鉄だから強いですが、耐食性が悪いです。つまり錆びやすく、また重量も重いという欠点があります。

次にアルミニウムがあります。アルミニウムの価格は普通程度です。加工・成型・溶接は全て技術が確立されていますから容易です。強度はそれほど強いわけではありませんが、普通といえます。耐食性はいいし、重さもそこそこ軽いといえます。

次にチタンです。チタンの価格は高いです。この理由は精錬にお金がかかるので高く、また硬く、加工が困難です。成型も困難ですし溶接も困難です。したがって難しい技術が必要になり製作コストは高くなります。ただ強度は強く、耐食性も最高で、海水にも強く、ほとんど錆びません。「ほとんど？」とは……？　では、さびるのでしょうか。たとえば、お風呂場に置き忘れたカミソリや、シンクに置きっぱなしのスプーンや缶詰などの周辺が、赤く錆びていることを見たことがあるかと思います。この状態のことを「もらいサビ」といいます。チタンは内部までサビることはありませんが、チタンの表面が汚れているときなどはサビが付着して、この「もらいサビ」を発生させます。重量は鉄の半分位ですごく軽いです。

それではカーボンは？　対抗馬のカーボンです。素材は非常に高いです。そして加工も非常に困難です。成形も、一体成型しかできません。材料も高いし、成型加工も困難だから、どうしても高いものになってしまいます。ですが強度はとても強いです。鉄の4倍の強さがあります。耐食性も最高です。錆びることはほとんどありません。

では最後に、今まで車いすに使われていなかったマグネシウムはどうでしょうか。マグネシウムは軽いです。超軽い。4つの中で一番軽いです。コストはちょっと高いですね。と言いながらアルミより少々高いくらいです。加工は可燃性の心配があり、取り扱いが大変です。成型は非常に難しい。溶接は超困難。やれる溶接会社は浜松でもありません。と……いうくらい難しいです。耐食性も悪いです。しかし、実用金属で最軽量です。

このような状況のもとで、どの材料にしようかと考えました。軽さでカーボンに勝るとも劣らない車いすを開発しなければなりません。でしたら、実用金属で最も軽いマグネシウムしか

## 日本の車いすの材質特性

HASHIMOTO ENGINEERING

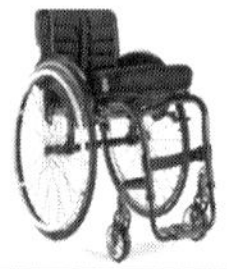

フレームの材質選定

スチール　アルミ　チタン　カーボン　マグネシウム

| フレーム材質 | 材料コスト | 加工 | 成型 | 溶接 | 強度 | 耐食性 | 重量（比重） |
|---|---|---|---|---|---|---|---|
| スチール | 安い | 容易 | 容易 | 容易 | 強い | 悪い | 重い（7.9） |
| アルミ | 普通 | 容易 | 容易 | 容易 | 普通 | 良い | 軽い（2.7） |
| チタン | 高い | 少し困難 | 少し困難 | 少し困難 | 強い | 最高 | まあ軽い（4.5） |
| カーボン | 超高い | 困難 | 一体成型（要金型） | 不可 | 超強い | 最高 | 超軽い（1.8） |
| マグネシウム | 少し高い | 困難（可燃性） | 困難 | 超困難 | 少し強い | 悪い | 実用金属で最軽量（1.7） |

図５−１　日本の車いすの材料特性

ないでしょう。

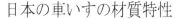

### （b）世界最軽量のかっこいい車いすを作ろう

マグネシウムは実用金属で一番軽い金属材料です。アルミよりもチタンよりも軽い材料です。しかし、３・１章でも述べましたが、マグネシウムは取り扱いが非常に困難な材料です。しかしカーボンにはこれで対抗するしかない。この材料を使って、世界最軽量のかっこいい車いすを作ろう。マグネシウムは困難な材料だけど、世界のバイクの町浜松の技術力を駆使して作ろう、と決めました。また、私には自信がありました。オートバイの町浜松では、このマグネシウムをレース用のオートバイや試作開発で以前から使われていたのです。

だからマグネシウムを成型する技術は、バイクの町・浜松には、少なからずあったのです。我が社も加工で携わっていましたので、当然のことながらある程度の知識も携わっていました。ここはバイクの町だから、非常に難しい材料ではあるけれど、浜松なら絶対できる……。言い換えれば、できるのは日本全国でも、浜松だけではないか、と思いました。

図５−２　量産車で世界初、フレーム＆ホイールにマグネシウム合金を採用した、YAMAHA RZF-R1

ではマグネシウムは車いすに採用した場合、どんな利点があるのでしょうか。実用金属としては最も軽い金属。繰り返しますが鉄が７・８、アルミニウムが２・７のところ、マグネシウムは１・７しかないのです。言い換えれば鉄の重さの４分の１しかありません。それから振動吸収性も実用金属の中で最も優れている材料です。車いすに乗っていると、どうしても路面の凹凸が車いすを通して体に伝わってきます。その振動を一番吸収してくれる材料がマグネシウムなのです。だから揺れにくい。材料がサスペンションの代わりにな

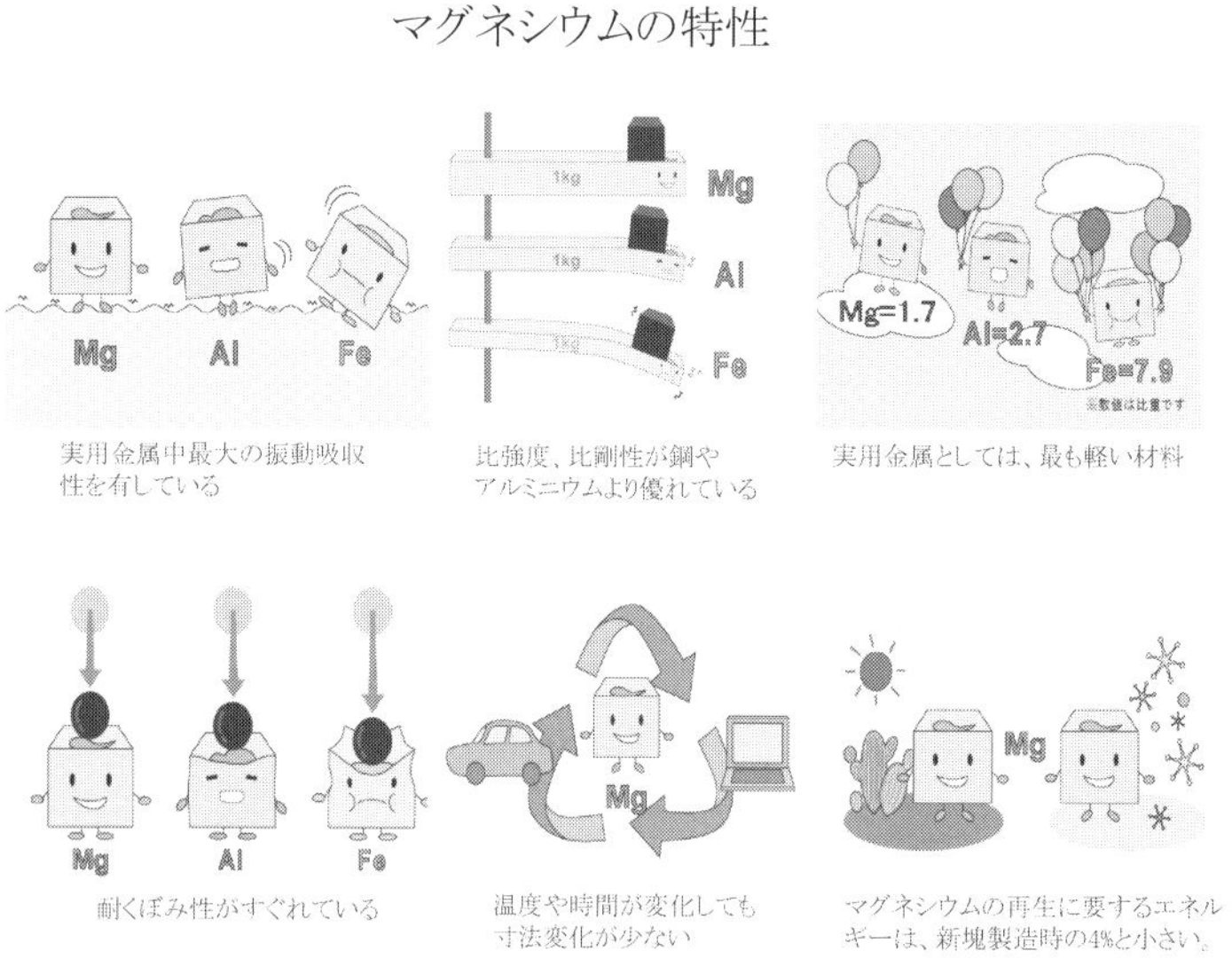

実用金属中最大の振動吸収性を有している

比強度、比剛性が鋼やアルミニウムより優れている

実用金属としては、最も軽い材料
耐くぼみ性がすぐれている
温度や時間が変化しても寸法変化が少ない
マグネシウムの再生に要するエネルギーは、新塊製造時の4%と小さい。

（日本マグネシウム協会HPより引用）

**図5−3　マグネシウムの特性**

ってくれます。あとは比強度、比合成が優れています。鉄はグニャっと曲がる。だけどマグネシウムは強いのです。温度や時間が変化しても、経年変化がありません。対くぼみ性も強いのです。飛び石や、モノにぶつかっても、へこみにくいです。しかしこれらの利点は逆に欠点でもあります。成型しにくいという材料といえます。が、成型性の悪さを技術で克服し、見事完成させればそれは大きなメリットです。それからリサイクルが非常に容易です。まったく新しいマグネシウムを作り出す時のエネルギーよりも、4％のエネルギーでリサイクルが可能になります。

何度も繰り返しますがマグネシウム

図5−4　マグネシウムの製品

は軽くて強いのです。だから、マグネシウムを採用した様々な商品は、デザインにも力を入れたフラッグシップモデル（製品シリーズの中で最も高品位の機能、性能、品質を備えたモデル。あるいは製造側の技術が集結されて製造される、いわば最も妥協のない製品）によく使われるのです。先ほどいったオートバイのリアフレームだとか、自転車のフレームだとか、カメラ、メガネのフレーム……。一番いいフラッグシップモデルに多く使われています。

さて、採用するするメインの材料が決まり、いよいよ、世界初の超軽量車いすの開発が始まります。自社によるマグネシウムフレーム合金を採用した、世界最軽量のかっこいい車いす。「乗る喜びを極める」というコンセプトのもと、開発プロジェクトをスタートさせました。もちろん、先ほど述べた開発チームで開発を始めました。それから世界のバイクの町、浜松の技術力を借りながらのスタートでした。

ちょうどその頃、浜松市を次世代モビリティーの強い町にしようと、浜松地域イノベーション推進機構が、はままつ地域新素材事業化研究会というものを立ち上げ、軽量強度部材と言われるＣＦＲＰ、チタン、マグネシウムなどの４つの新素材に対しての研究会が立ち上がり、浜松地域の前向きな企業が各研究会に30~40社が参画しました。この時我が社は、基板事業の輸送機器産業でも20年後も30年後も生き残っていくために、次世代自動車に使われるであろう新素材に強いメーカーになる、と目標設定していたので、まず最初に立ち上がったチタン研究会とＣＦＲＰ研究会に参加して学びをしました。そして最後に立ち上がったマグネシウムの研究会にも、マグネシウム製車いすの開発のために参加しました。研究会が立ち上がった初日の夜、この研究会を取り仕切っていた、東レ㈱やヤマハ発動機㈱などで材料の権威として活躍した経験のある浜松地域イノベーション推進機構の山田徹コーディネーターより電話があり、「当社が開発しているマグネシウム製車いすを、この研究会の成果物にさせてほしい」と依頼がありました。突然の話でとても驚きました。とても名誉な話だとは思いましたが、１００％下請けからの脱出、メーカーになるという目標で始めたこの軽量車いす事業に、多くの企業が開発に参加をすることによって、もし自社製品にならなかったら、それは本末転倒、全く意味がなくなってしまいます。

　でも、私は非常に悩みました。なぜか。実はその時既に自社の開発グループによって、マグネシウム製車いすの試作車第一号車と第二号車を製作し、完成させていたのです。しかし全然納得がいく車いすが開発出来ずにいたため、開発が行き詰っていたところでした。「自社の開発グループの力だけで『乗る喜びを、極める』車いすを開発するのは難しいのでは……」そこで私は一大決心をしました。この研究会で開発に掛かる開発経費は全て当社がもちます。その代わり開発してできた成果物の車いすは橋本エンジニアリングの成果物として、我が社の製品として取り扱いをさせて頂きたい。という条件を提示させてもらったところ、山田コーディネーターと研究会メンバーは快く了解して頂いたため、「世界最軽量のマグネシウム製車いすの開発」と言うテーマで、マグネシウム研究会の成果物として取り扱っていただき、11社が参画する開発プロジェクトを立ち上げ、開発がスタートしました。

　橋本エンジニアリング株式会社、わが社がリーダー企業です。デザインは、ファクアートデザインさん。材料はフジ総業さん。溶接は岩倉溶接さん、溶接棒はマクルさん、設計&解析、溶接治具は榛葉鉄工所さん、マグネシウムのいろいろな技術的な部分はヤマハさん、金型、成型はキャップさん、表面処理は堀金属さん、塗装は丸山コーポレーションさん……というよう

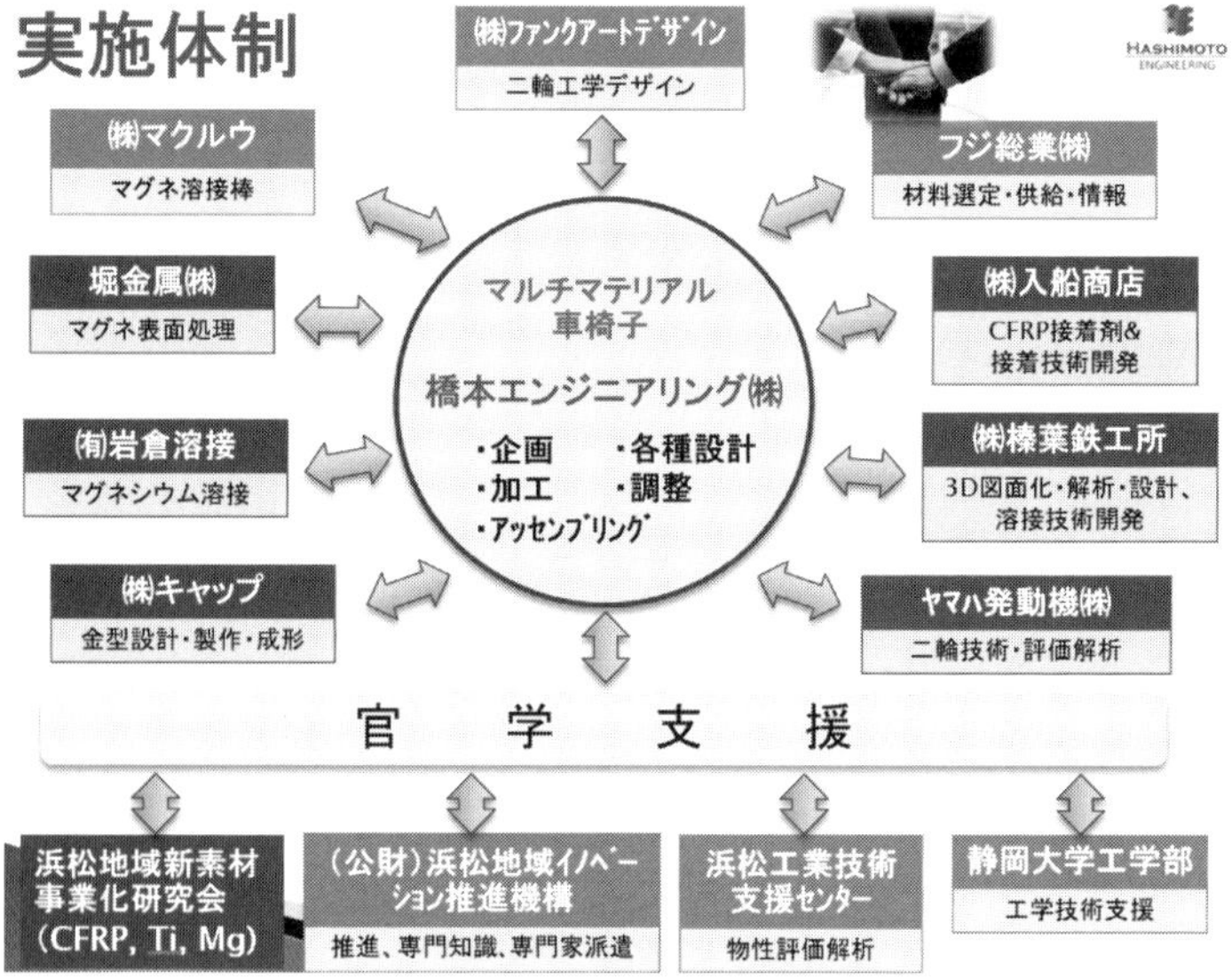


図5−5　世界最軽量の車いすの開発プロジェクト

に、マグネシウム製車いすを開発する上で必要な技術を持っている企業が参加を表明してくれました。企業だけではありません。行政側からもいろいろとお手伝いをしていただきました。浜松地域新素材事業化研究会で先に立ち上がっていたＣＦＲＰ研究会、チタン研究会で開発された技術を供与して頂き、イノベーション推進機構は、参加企業間のコーディネートや、現在ない技術に対して専門知識のある有識者からいろいろと知識を得るため、専門家として研究会に派遣してもらい勉強会を開かせてもらったり、工業技術センターでは物性評価解析をして手伝ってもらったり、静岡大学工学部には塑性加工の技術を出していただきました。

一つの車いすを作るために、多くの産・学・官の力を借りてプロジェクトが動き出したのです。

## （Ｃ）マルチ・マテリアルを採用した世界超軽量の車いす

開発目標は、マルチマテリアルを採用した世界最軽量の車いすです。「マルチマテリアル」という言葉がここで初めて出てきましたが、「マルチマテリアル」というのは異なる金属材料を適材適所に使って、非常に軽くて強いボディの車いすを作り上げるという技法です。自動車ではすでに使われています。他方で、新しい日産ＧＴ－Ｒなどに使われている技法です。

この技法を世界で初めて車いすで採用する。この技術の採用を提案してくれたのは山田徹コーディネーターでした。世界最軽量を目指すにはこの技法を採用すれば可能になる。そう提案して頂きました。単純にフレームをマグネシウムにするのではなくて、徹底的な軽量化を図るために、マルチマテリアルという技法を採用したのです。二番目に、世界に通用するスタイリッシュで乗りたくなるデザイン、これにもこだわりました。「乗りたい！」と思うデザインでなければ意味がありません。ただ軽ければいいわけではありません。乗りたくなる車いす。これを目指しました。それから二輪車設計の設計技術を活かした最新構造で剛性を出すのです。要はオートバイの最新の技術を使って、さらに、マルチマテリアルによって軽い材料を使い、剛性の高い車いすを作ろう。また、この車いすを開発して生まれた最新技術で浜松の産業の高度

図5−6　マルチマテリアル技法を採用したNISSAN GT－R

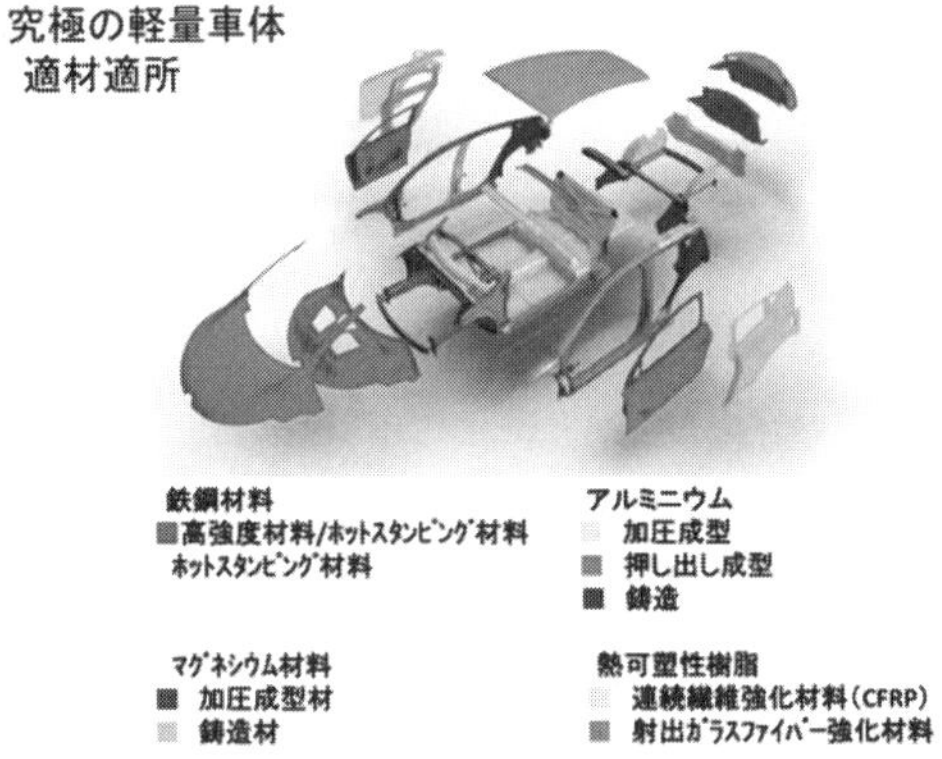


図5−7　究極の軽量化、マルチマテリアル技法

化に生かす。車いすだけでなくて、浜松の産業の次の高度化の技術として使っていこうと決めました。開発コードネームはMC－X。マルチマテリアルのM、ホイールチェアーのC、無限の可能性のX、この3文字を合わせた造語です。結果的にこの開発コードネームが商品名になりました。

そしてMC－Xのデザインをプロダクトデザイナーに依頼します。なぜプロダクトデザイナーに依頼するのか。プロダクトデザイナーは、ただデザインするだけでなく、その背景から市場までのすべてを調べます。対象となる製品はもちろん、社会全体の流行や傾向を把握するため、綿密な市場調査を行います。調査結果に基づいて自分のアイデアを形にします。製品の外観だけでなく、機能や使いやすさ、安全性を向上させるデザイン、そういうことをすべて考えていきます。生産コストや納期などを担当者、技術者など、もの作りに携わる人間と綿密に話し合いを繰り返して、最終的なデザインが決まっていきます。ここまで全部、プロダクトデザイナーにやっていただきました。これはモノ作りメーカーのデザイン担当というレベルでは、なかなか難しかった内容を含んでいました。

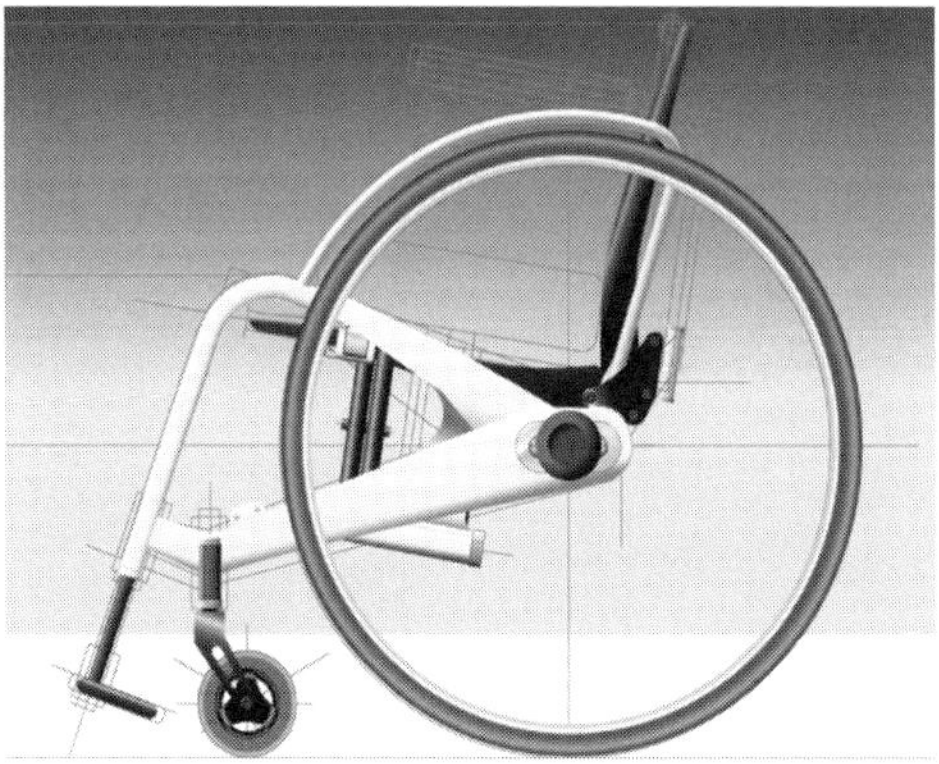

図５−８　デルタボックス型フレーム・デザインによる車いす

今回のプロダクトデザイナー（ファンクアート）は、いろいろなプロダクトデザインを担当している方でした。最終決断は、この会社が、過去にハンドバイクをデザインしたことがあったからです。車いすに乗る方がスピードを出してレースをやる、そのとき乗るハンドバイクをデザインしていたので、彼（ファンクアートデザイン　宮津誠一氏）にプロジェクトメンバーに入っていただきました。コンセプトデザインは、バイクの町浜松の、今までにない斬新なデザインを標榜しました。そして繰り返しますが世界に通用するスタイリッシュなデザイン。乗りたくなる、出掛けたくなる。

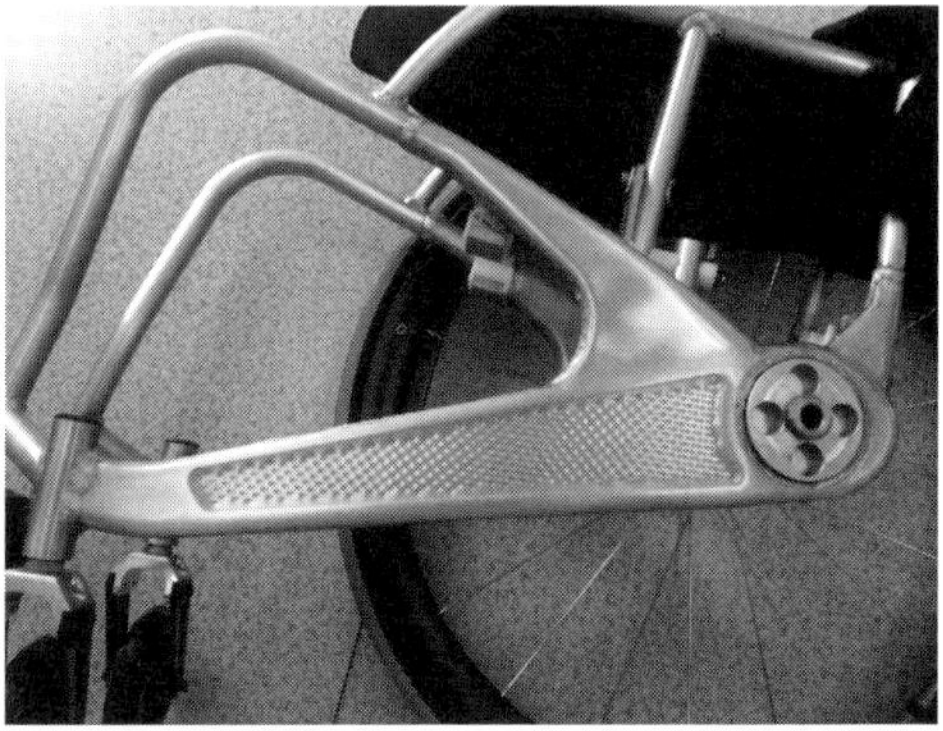

図5－9　デルタボックス型フレーム部

ここがすごく大事です。その要望に基づいて宮津さんが出してくれた最初のデザインスケッチが**図5－8**です。

今までの車いすにはない、オートバイのフレームを想像させるデザイン。プロジェクトが要望した、バイクの町、浜松らしい、二輪車工学を取り入れたデザインを提案してくれました。このデザインにはプロジェクトメンバー一同が納得をし、一発で採用決定をしました。一番目立つメインフレーム部にはオートバイのフレーム、デルタボックス型フレームをイメージさせるようなフレームのデザインが**図5－9**です。デルタボックス型フレームはレースのバイクに使われるくらいのフレーム構造ですから、軽くて強い形状です。軽量かつ高剛性、オートバイフレームの原型を車いすで再現しました。しかしデザインができたからといって、それがそのまま商品になることは少なく、特にものづくりにおいて、この形状は作れないから、作りにくいからと、さまざまな制約が出てきてしまうものです。せっかくのデザインも、多くの製品開発の場合、この段階で最初のデザインと違ったものになってきてしまいます。しかし今回はデザインが本当に素晴らしかったため、極力それをなくして、デザインに対してできるかぎり忠実に再現していくことをＭＡＳＴとして開発を進めて行きました。

## ５・２　問題点の抽出

最初から、いろいろな問題が出てきました。まずは、デザインに基づいた設計、３Ｄ図面化でした。立体的なデザインを、実際に人間が乗って使用できる、モノづくりとしても成立する、車いす用の設計が必要になります。開発プロジェクトには、日本の車いすシーティングの第一人者であり、自身も車いすユーザーでもある高橋洪善氏にも参加してもらい、車いすの構造に関する様々な知見を取り入れながら開発を進めていましたが、ここのパイプの太さはどうする？厚みはどうする？　ここのつなぎはどうする？など、応力や接合、材料強度などの細かいところまでは未知の領域でした。しかし、人が安全、安心して乗る事が出来る「乗り物」を設計するため、ここは非常に重要なところです。したがって実際に市販されている有名メーカー各社のアクティブ車いすを購入し、強度や応力などの測定を行い、また重要なポイントは解体、切断したりと、既存の車いすを徹底的に調べました。ここはこれだけ強さがほしいんだ……とか、ここはあんまり力を入れなくていいんだとか、グループ討議をしながら、デザインを基に作成した３Ｄデータに測定データを組み込み、さらにＣＡＥ解析を繰り返して３Ｄ・ＣＡＤデータ

図 5−10　3D・CAD データ

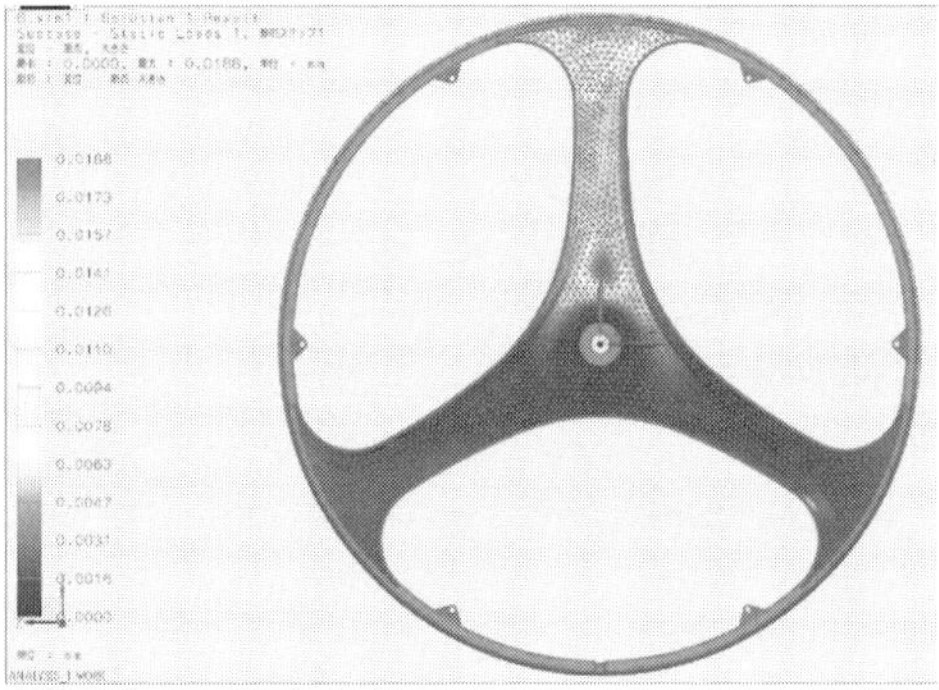


図 5−11　CAE 解析データ（ホイール）

の作成を進め、図面を作り込んでいきました。この一番最初に非常に難しい設計を担当してくれたのが、すでにハンドバイクを開発し、設計製作をしていた㈱榛葉鉄工所さんでした。ここは榛葉鉄工所さんの全面的な協力体制がなければ難しかったところですので、本当に感謝しかありません。ちなみにCAE解析とは何か、分かりますか?

パソコン上で、設計した車いすに人が乗ったことを仮想イメージさせ、例えば75キロの負荷が車いすにかかったとき、車いすの、どこの部分にどれだけの応力がかかっているかが、色で表現されるのです。より強く力がかかっているところは赤くなり、普通の力は黄色くなります。

私たちは、赤いところを極力なくしていかなければなりませんでした。つまり最適化しなければいけないのです。力を分散化させ、一点集中させない設計が必要です。軽量、操安（操作安定）性。数多くのＣＡＥ解析と試作車の実験評価で行い、それぞれ問題になる技術課題を出し合って、解決方法を模索しながら開発、設計を進めていきました。

一番困難だったことが、マグネシウムをメインフレームに採用したこと。これを可能にするための設計、製作上の課題がとても多かったです。一つは、常温での塑性変型能力が劣ることでした。常温とは、20℃～30℃の温度環境を想定します。常温でこの形状を曲げるのは難しいとか、成型が非常に難しいとか。次に溶接。溶接結合にも高度な技術を要しました。浜松でも溶接できるところがありませんでした。これだけのオートバイの製作技術が集結している町であっても、すでにマグネシウムを使っていても、マグネシウムを溶接できるところがなかったのです。切削加工についても、マグネシウムは可燃性材料のため、環境整備が必要でした。材料自体が燃えるわけではないのですが、パウダー状の細かい粉末や粒子になると急に発火性が生じます。さらに腐食しやすく、さびやすいのです。マグネシウムをフレームにすると、これだけの課題がありました。でもこれを解決していくことに決めました。この町の技術を、プロジェクトメンバーの技術を使って。そして無い技術は克服して、開発する。

## （a）マグネシウムは本当に難しい

マグネシウムは常温での塑性変形加工が非常に難しい材料です。しかし熱を加えると塑性変形加工が飛躍的に向上します。そこでプロジェクトメンバーが保有している技術で可能になるのではないか。それが㈱キャップが持っている特許技術、TAM成型方法でした（図5－12）。TAM成型法とは、金型のヒート・アンド・クールの技術です。金型に急速に熱を加え、材料も過熱し、常温では成型しにくい材料を成型しやすくする技術で、しかもこれらの工程を高速で行う手法です。高速といっても、1回で約3分かかります。が、通常はこの3倍くらいかかるところを、3分でできる仕組みを㈱キャップは持っていたのです。㈱キャップもこのプロジェクトのメンバーとして、その特許技術を快く提供してくれました。

そして難関のマグネシウム溶接に関しては、島田市の㈲岩倉溶接工業所が「経験はあるのでやっ

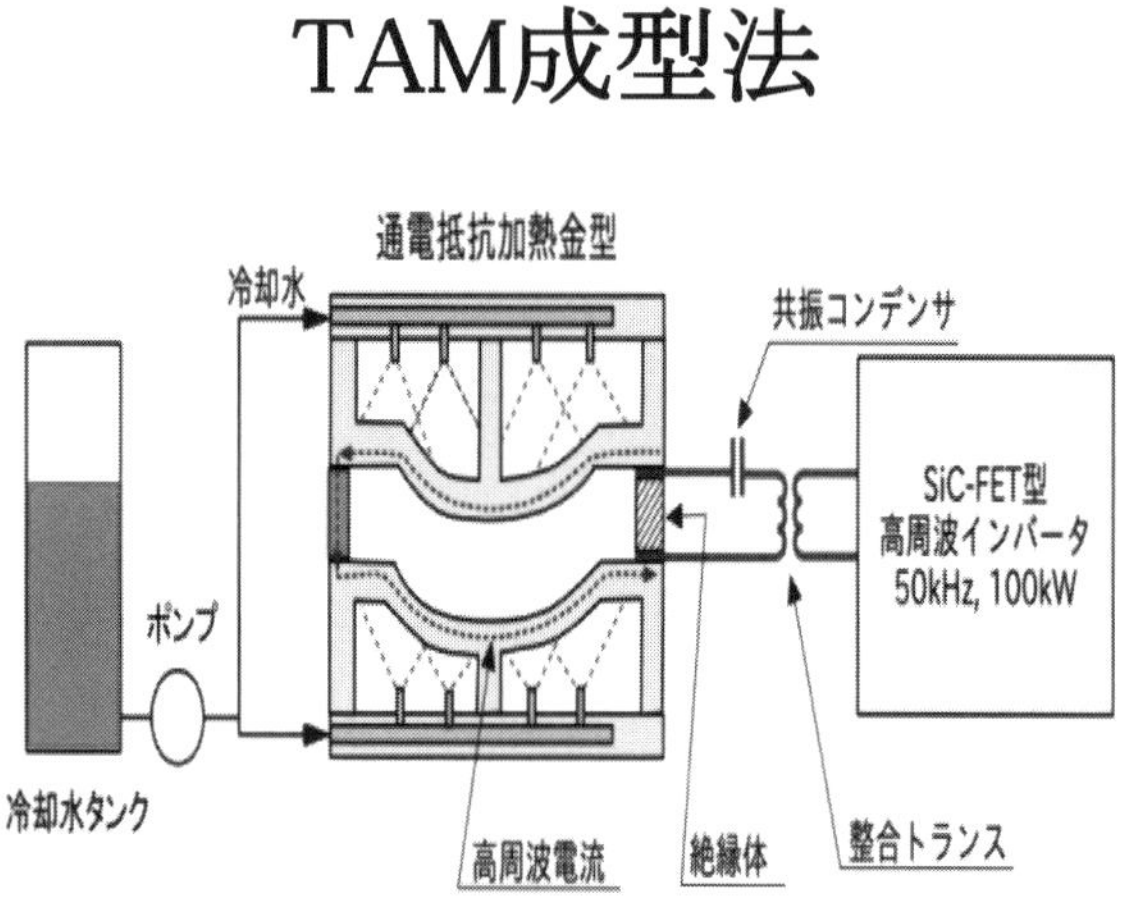


図5－12　㈱CAPの特許製法TAM成型法

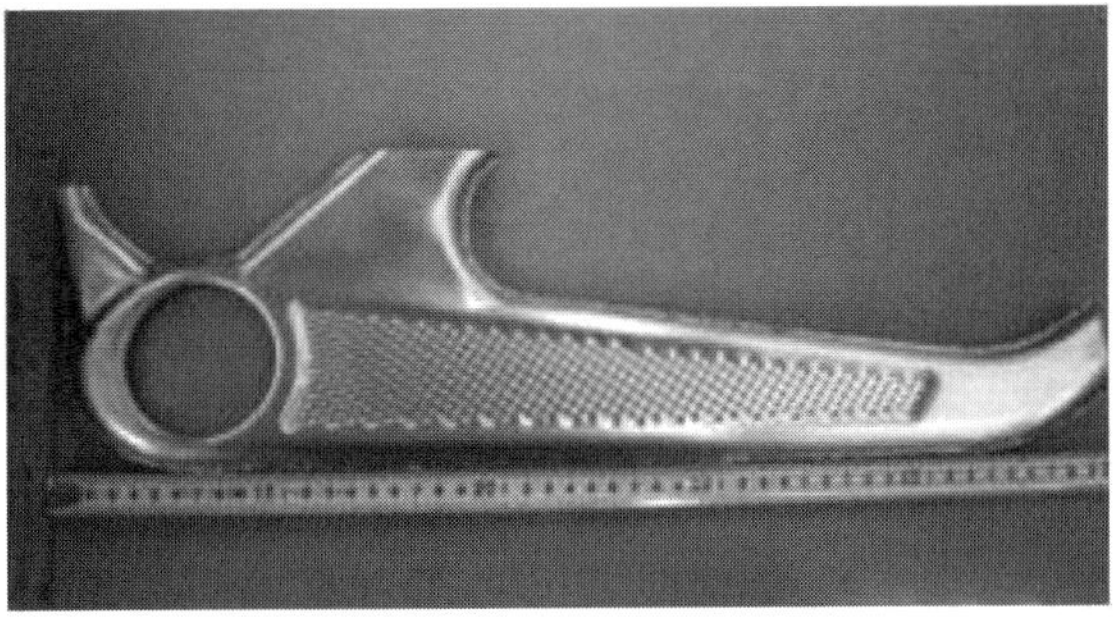

図５−13　TAM成型法で成型したマグネシウム製デルタボックス型フレーム

てみたい」と申し出てくれました。溶接棒も存在しなかったのですが、㈱マクルウがこのプロジェクトのために開発してくれました。

腐食しやすいところは堀金属（株）が、独自の化成処理方法をさらに車いす用に研究開発を行ってくれて腐食しない表面処理を開発してくれました。とにかく、マグネシウムフレームをメインとしたマルチマテリアルという技法のために、いろいろな多くの技術を結集し、開発していきました。

### (b) 塑性加工、溶接加工について

ＴＡＭ成型機にて、マグネシウムが塑性変形可能な温度領域に金型を加熱し、マグネシウムの成型を行ったところ、難しいとされていた塑性加工が、一工程で成型できるようになりました。この技法によってメインのデルタボックス型フレームのデザインを実現することができたのです（図5−13）。

溶接に関しては、マグネシウム研究会メンバーのなかでも、マグネシウム溶接をマスターし

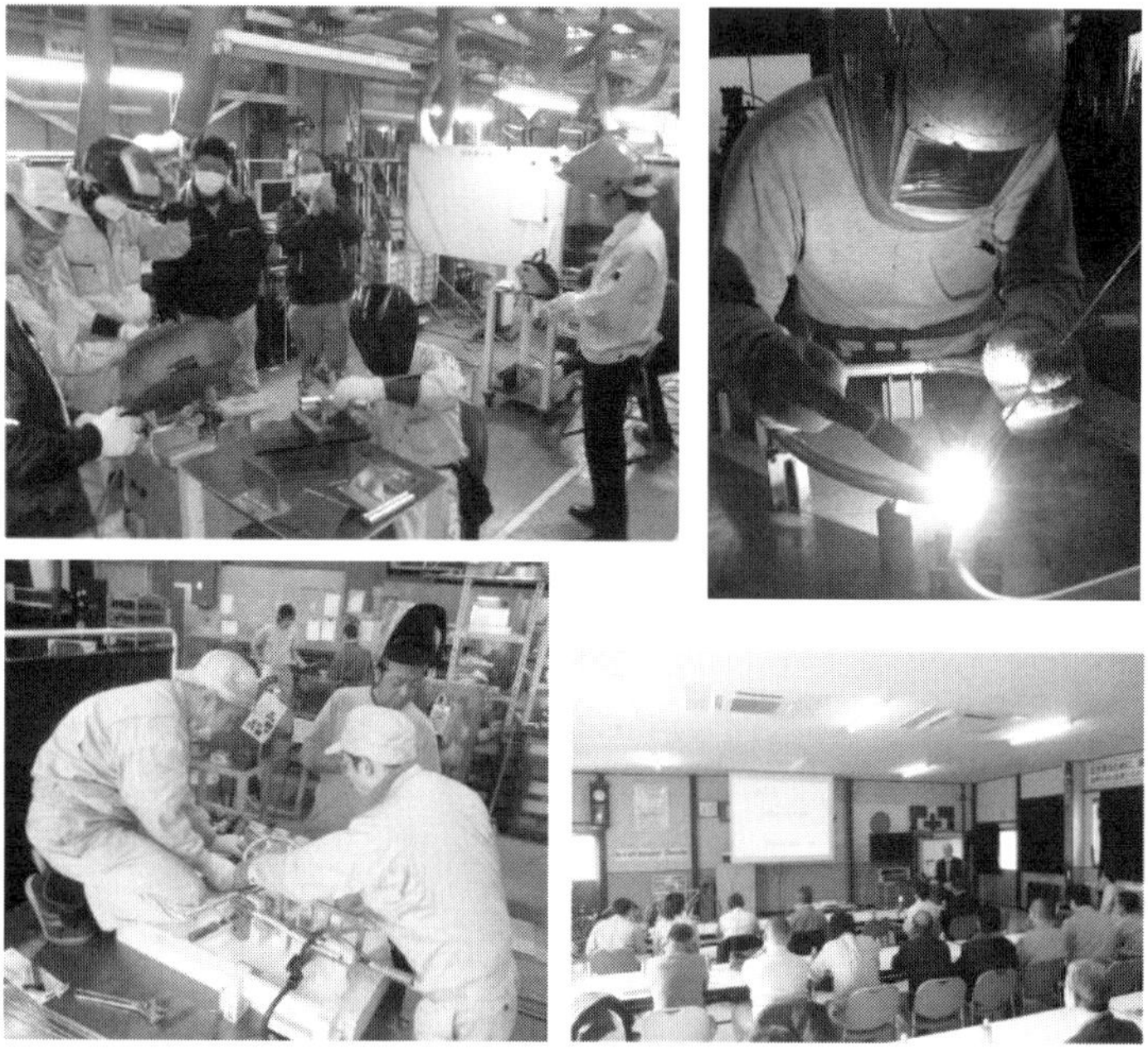

図5－14　マグネシウム溶接部会

たいと名乗りを上げた溶接メーカー各社で、マグネシウム溶接部会を立ち上げ、新潟の大学でマグネシウムの研究をしている先生に浜松に来ていただき、溶接の可能性についての教えを頂きながら、マグネシウムの溶接を通して、その製品化が可能な領域にまで訓練していきました。プロジェクトメンバーも参加してみんなで技術習得のために取り組みました。最終的には㈲岩倉溶接工業所が担当してくれました（図5－14）。

### （C）可燃性材料のための環境整備

マグネシウムの取り扱いは、基

本的にどこのメーカーも嫌がります。やはり燃えやすいことが理由です。過去にも事故災害が起きている事例もあるためです。しかし我が社は、マグネシウムのホイールやフレームを加工したり、検査で携わったりしていたので、マグネシウムの取扱いの教育を受けていました。取り扱いに関しては訓練済みだったのです。あとは腐食しやすいことを解決することです。

堀金属（株）が、驚異の高耐久化成処理技術を開発してくれました。それは塩水噴霧２４０時間でも変化がないというものでした。日常生活上では、まずそんな環境はあり得ないのですが、たとえば雨ざらしでも全く問題ないレベルまでの化成処理技術を開発してくれました（図5-15）。ちなみに何も処理をしないと、24時間で白サビが出てきます。本来腐食に弱い素材であっても、この技術のおかげで雨ざらしでも大丈夫な補償を確立しました。そこでよくいわれるのが、「じゃあ、傷ついて塗装や防錆処理がはがれたらどうなるの？」といいますと、当然そこは弱くなりますが、そこに穴があく頃には、この車いすは壊れています。それはマグネシウムのホイールを商品化しているメーカーに教えてもらいました。自動車やオートバイのホイールは小石などでたくさん傷がつきます。もちろん、傷ができれば、そこが真っ先に腐食が始まります。しかしそこに穴があく頃には、本体が壊れています。腐食しやすいといっても、そんなにすぐ溶けてなくなるわけではないということですね（笑）。

さらに塗装は浜松の㈱丸山コーポレーションで行いました。傷がついて地肌が出ると腐食し

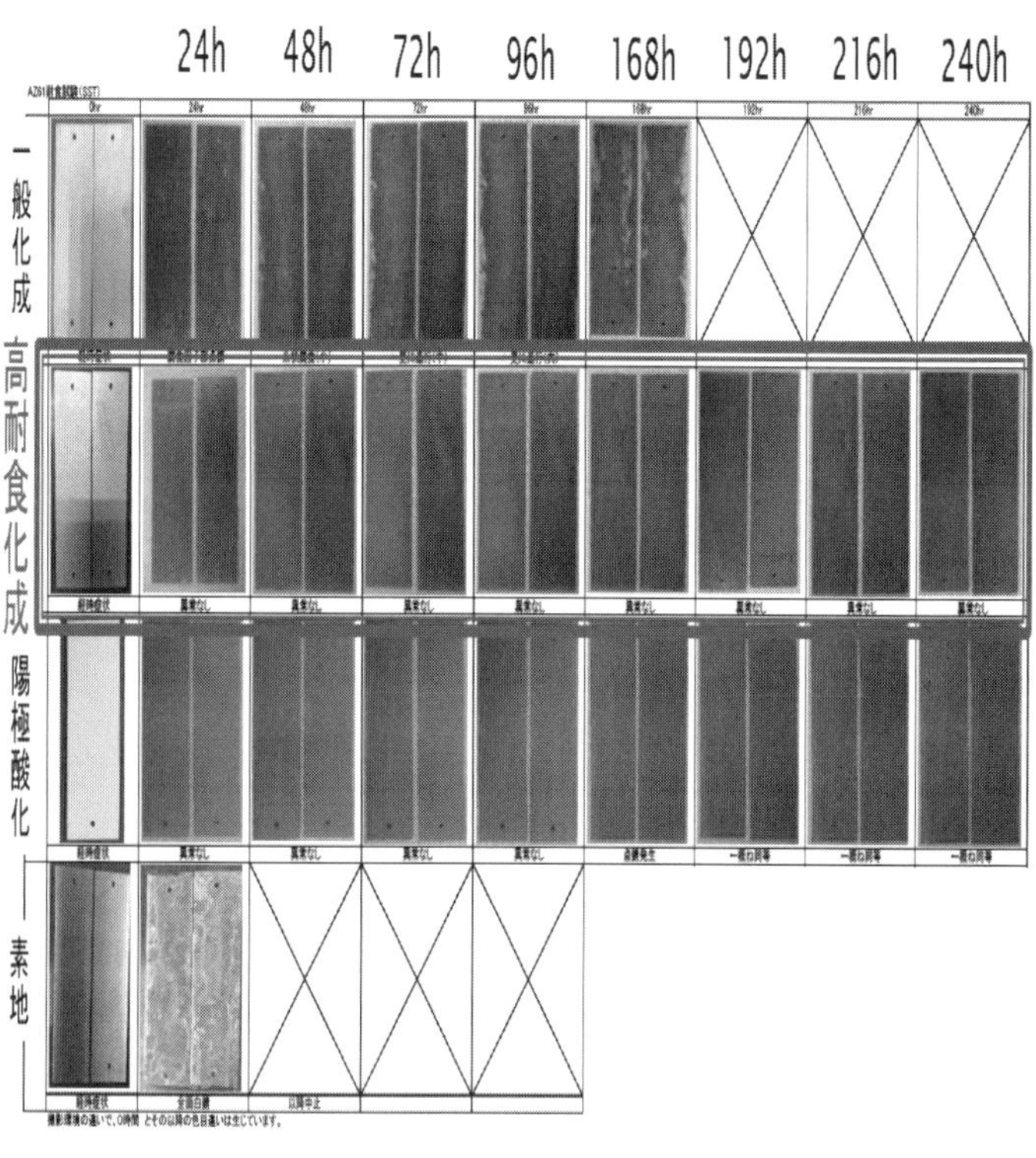


図5−15　マグネシウムの塩水噴霧耐試験

やすくなるので、それを阻止するために強い塗装が必要です。㈱丸山コーポレーションはオートバイや船外機の外観塗装を請け負っている塗装メーカーです。非常に過酷な状況下で使用されている製品に採用されている塗装なら非常に強く、雨ざらし日ざらしでも大丈夫です。この傷にも強く、耐食耐候性にすぐれた強靭な塗装を施すことにしました。現在はさらに傷がつきにくい粉黛塗装を採用中です。以上、この4つの問題点を浜松の技術力で解決して、やっとマグネシウム合金製の車いすのフレームが完成しました。

### (d) 難産の末に完成した世界初の超軽量車いす

マグネシウムの様々な難関をクリアして完成したフレームは、なんと1・9kgしかないという、もう本当にめちゃめちゃ軽いフレームができました（図5－16）。女性でも片手で容易に持てます（図5－17）。

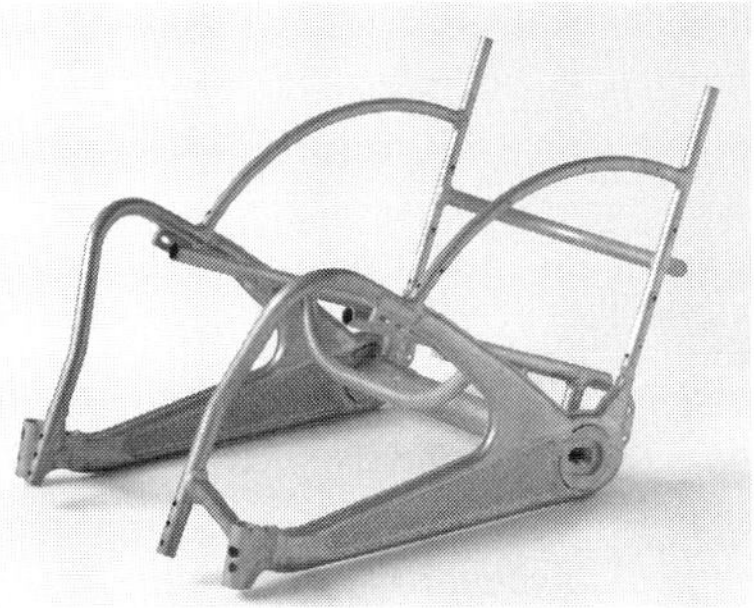

図5－16　完成したマグネシウムフレーム

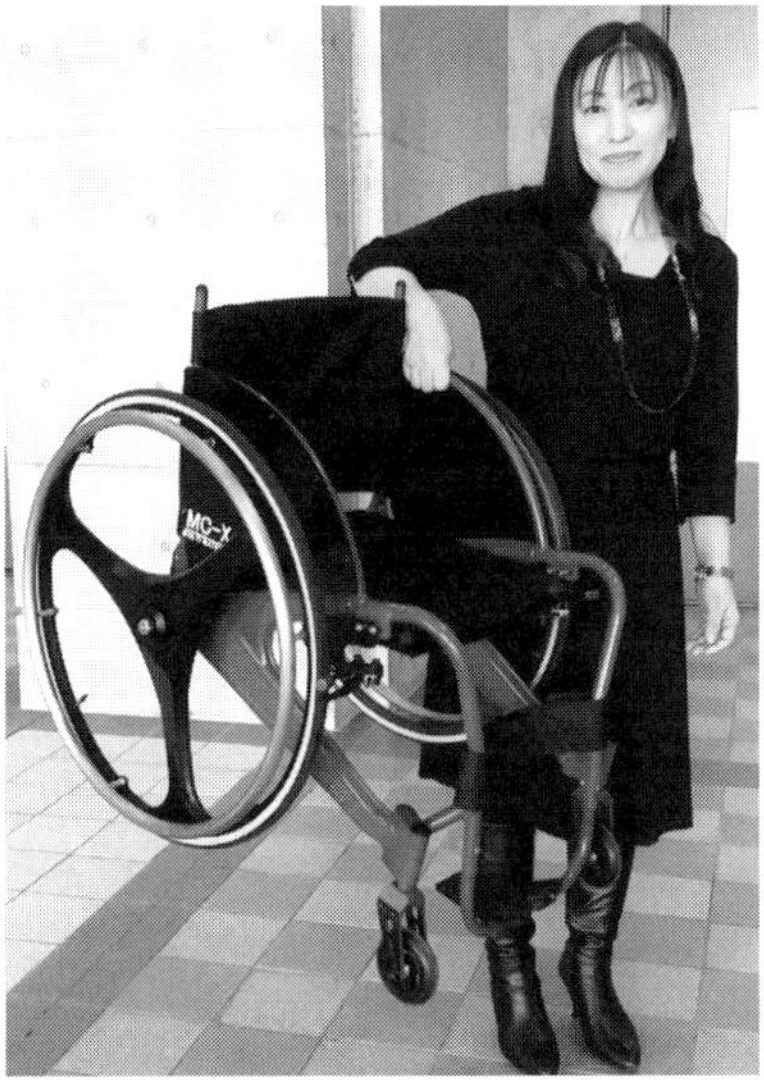


図5－17　女性でも片手で持てる

さらにホイールにもデザイン性を持たせました。なぜならホイールは、車いすではデザイン的にとても目立つのです。ですからホイールのデザイン性にも力を入れました。ここも、ただ単にかっこいいではなくて、今にも走り出しそうな躍動感のあるデザインにしようということで、㈱ファンクアートデザインにデザインをしていただきました（**図5－18**）。

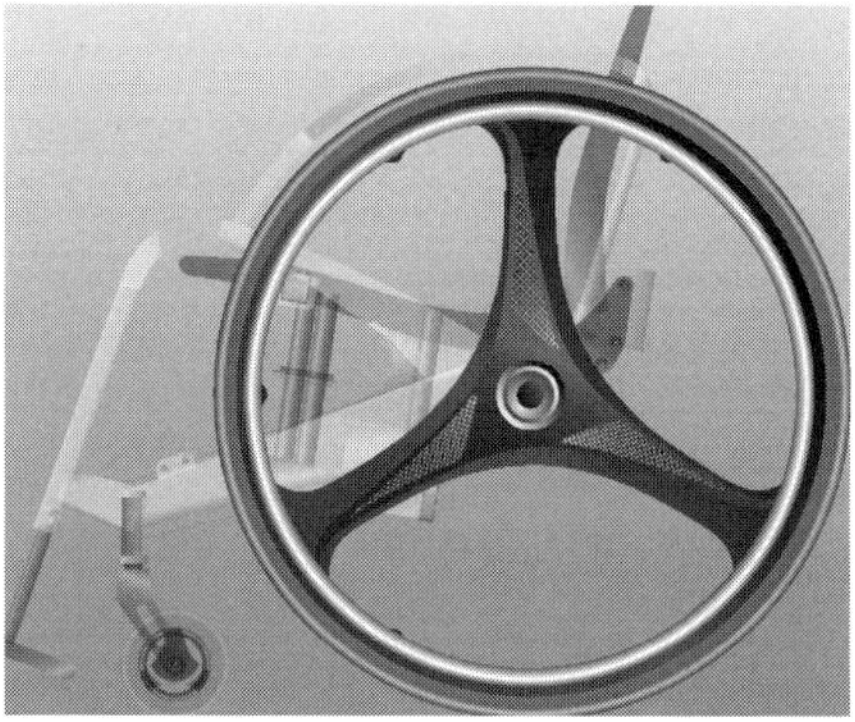

図5－18　オリジナルホイール・デザイン

そして、できあがった車いすが**図5－19**に示したものです。マルチマテリアルボディーの採用と、難作材の軽量強度部材を浜松地域の技術力で見事実用化に成功しました。これまでの世界最軽量の車いすは6・9kgだったのですが、6・2kgという驚異的な軽さを実現しました。

しかも前述した6・9kgを実現した米国の車いすメーカーは、あっけなく潰れてしまいました。

我が社の車いすは世界でも圧倒的に軽いのです。それぞれボックスフレーム、ハンドリム、シャフト、接着、塗装、デザイン、溶接、曲げ、解析に至るまで、さまざまな技術を取り入れて、できあがりました。これがコードネームＭＣ－Ｘです。一番重要だったのが、デザインやコンセプトをできるかぎり忠実に再現すること。そのためには多くの人の力が必要でした。浜松の中小企業の高い技術と多くの協力が必要でした。

高い技術を次々採用して製品化を実現することができました。これはもう本当に、Made in HAMAMATSUです。Made in HASHIMOTOではありません。

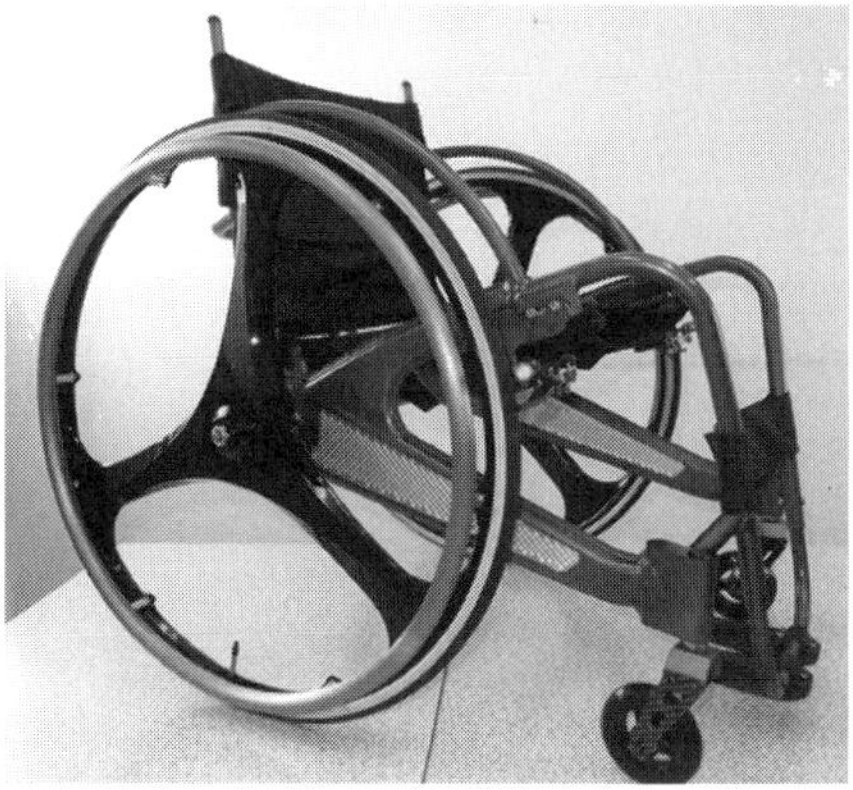

図５−19　6.2kg のマルチ・マテリアル超軽量車いす MC-X

# 第6章

## 最軽量の車いすの完成「私でも持てる！」きゃしゃな女性の喜びの声

## 6・1　介護福祉展への出展

### (a) ヤバすぎる超軽量車いす

試作車第1号がついに完成し、ユーザー評価、業界評価を求めに、大阪の介護福祉展「バリヤフリー展2013」に出展しました。いくら私たちが「世界最軽量の軽い車いすです」、「かっこいい車いすを作りました」といっていても、本当に車いすとして良いかはわかりません。もちろん、車いすの関係者にも、プロジェクトに参加していただきましたが、もっともっと多くの人に意見を聞きかなければいけない。それが出来るのが展示会なのです。介護福祉機器展示会には非常に多くの車いすユーザーさんや福祉機器販売店さんなど、介護福祉業界関係者の方たちが来場します。私たちは一人でも多くの方に意見を聞き、評価してもらおうと、ブースの前を通る車いすの方や、業界関係者の人たちに声がけをして、「世界最軽量の車いすを作りました」、「マグネシウムをフレームに採用して車いすを作りました」などを説明して、様々な意見を聞きました。オートバイ事故で下肢障がいを負ってしまい、車いす生活を余儀なくされている2人が見に来てくれました。彼らは開口一番、「マグネシウムでよく作れたね」といわれました。一般の方は、マグネシウムで車いすが作れるかどうか知りません。マグネシウムが難加工材ということも知られていません。でも、この人たちは知っていました。彼らはオートバイメーカーのKawasakiに勤めている人たちでした。

「この車いす、ヤバいよ」、「ヤバすぎ」、「絶対発売してよ」

そのような嬉しい声もいただきました。

ある女性は、「やった、私でも持てた。これなら独りで車に載せられる」。そう言ってくださいました。彼女は自分で車を運転しますが、車いすはいつも誰かの力を借りて車に載せてもらっていたそうです。人に頼らず、「自分で車に載せたい」という気持ちがすごく強かったようです。彼女は我が社の車いすを持った途端に「やったー！」と叫んで、すごく喜んでくれたのです。今でも忘れられません。

他にも、オートバイ事故で車いす生活を余儀なくされた方がいました。横には奥さんもいらっしゃいます。車いすが軽いことは家族にも嬉しいことです。なぜなら一緒に出掛けるときは、車いすは当然、奥さんが車に積まなくてはなりません。「軽いのは彼女（奥さん）にも嬉しいことですね」と言っていました。

進行性の障がいを持っている女性の方もいます。この方は高校生までは普通に歩けていました。徐々に歩けなくなってしまったのです。筋肉が衰えていく病気です。「筋萎縮性側索硬化症（ＡＬＳ）」という疾患です。この病気は身体を動かすための筋肉が痩せていきます。筋肉そのものではなく、運動神経系が選択的に障害を受ける進行性の神経疾患です。脳からの運動神経への指令が伝わらなくなることによって、身体が動かなくなり筋肉が痩せていきます。病型に

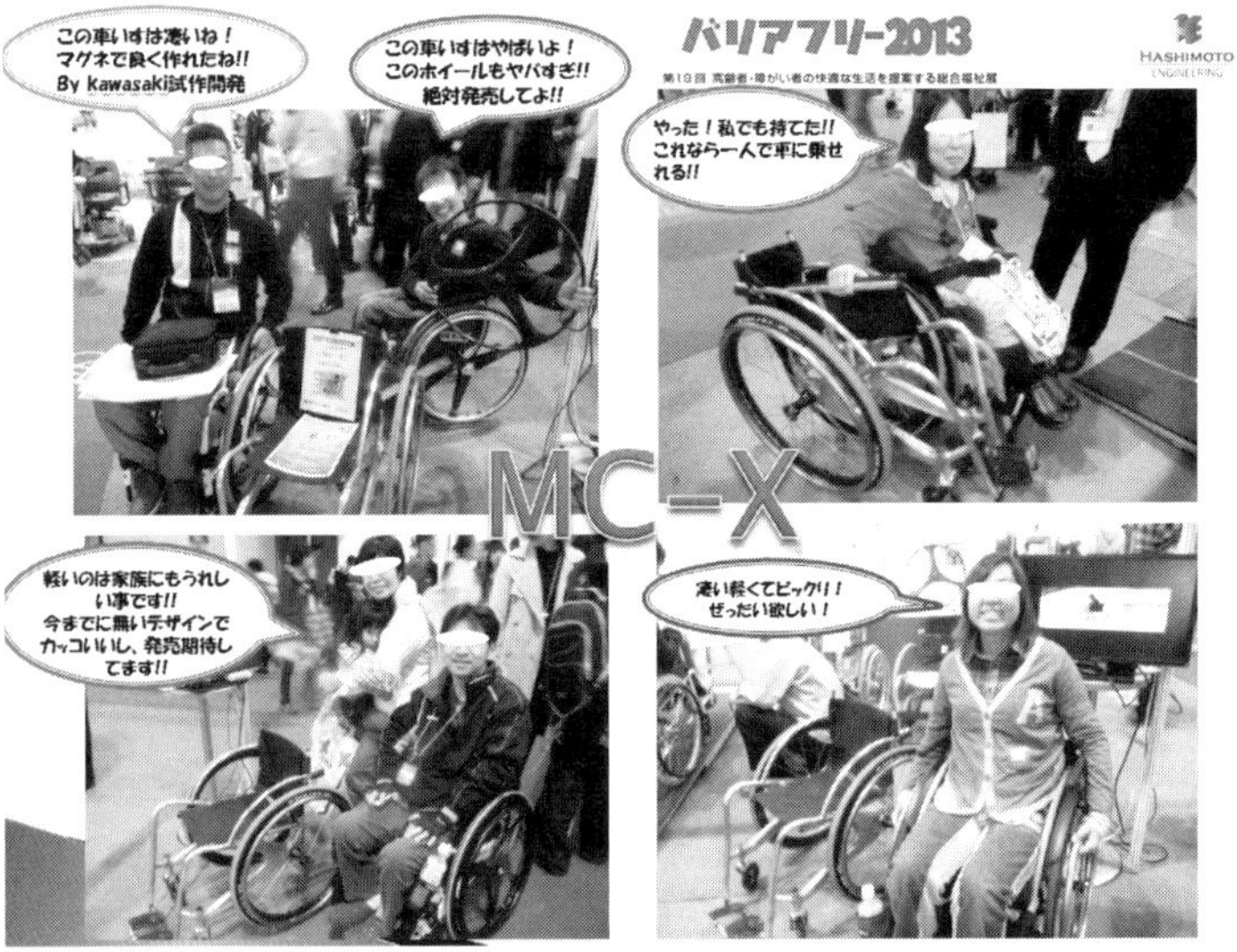


図６−１　初めての展示会で、車いすユーザーから貴重な意見をもらえた

より身体の異なった部位に出現します。感覚や内臓の機能は通常に保たれます。国内の患者数は約１万人と報告されている指定難病の一つです。多くの場合は遺伝しませんが、全体の約５％は家族内で発症することもわかっています。病型は症状によって手指の脱力、こわばり、手内筋の委縮が見られたり、足首が上がらなくなり垂れ足（下垂足）となる型、言葉がしゃべりづらくなったり、食べ物や水の飲み込み（嚥下）がしづらくなる型などに分けられています。

この女性の方は、ＭＣ－Ｘを見て我が社に「入りたい」とも言ってくれました。大阪に住んでいる方ですが、浜松まで面接に来てくれました。そのくらい、我が社の車いすを気に入っていただけました。

ブースに来てくれたのは車いすユーザーさんだけではありませんでした。既存の各車いすメーカーの方達が、次々にこのＭＣ－Ｘを見に来ました。

「あっ、マグネシウムの車いす、ついに出たか」

どこの車いすメーカーもビックリして、口コミで代わるがわる色々なメーカーの方たちが見に来ました。そこで知った情報ですが、実はマグネシウムの車いすは、他の車いすメーカーも過去に何度も開発にチャレンジしていたそうです。ですが、どこの車いすメーカーも製作が難しく、材料も成型しにくい。溶接が難しい。いい材料と……、わかっていてもできなかったのです。また作れたとしてもコストが掛かりすぎる。そのため断念していたのです。それを名もなき会社が突然展示会に現れ、実際に作って出展したので、車いすメーカーの皆さんはビックリしていました。

## (b) 改良した車いす

展示会を通して、直さなくてはならないことも多数出てきました。

ちなみにこの時点では、ＭＣ－Ｘは折りたたみ式でした。しかも折りたたみ式の構造部品の強度不足で、試乗もできないような、車いすとしては未完成な状態でした。実際に試乗もできない車いすを展示していることに対して苦情も多くいただきましたが、どうしてもＭＣ－Ｘの市場評価を確認したかった。それでも噂を聞きつけて色々な人がブースに来てくれます。車いすに非常に詳しい方達もマグネシウム製の車いすが展示されている。という噂を聞きつけて来てくれました。そして折りたたみのMC－Xを見て即座に「これは折りたたみじゃない方がいいな」「このフレーム形状ならリジットの方がいい」と。そういう方が何人もいたのです。

私たちは車いすの素人でしたから、わからなかったのですが、車いすに実際に乗っている人たちや詳しい人達が、「この車いすはリジットの方がいい」と口々に言うのです。当時は「リジットって何なんだ？」と、思うくらいの知識しか持ち合わせていませんでした。「車いす」は、「折りたたみ式」という固定概念がありましたから。そこでリジットについて調べました。リジット＝固定車の事だと言う事がわかりました。さらにいろいろと調べてみました。折りたたみ式は、接合部分が多いのでどうしても多少グラつくのです。そのためハンドリムに力を入れて前進させたときに、力が分散してしまい、押したときの推進力が低下してしまいます。

しかし、固定車＝リジットですと、すっと進みます。剛性がしっかりしているので、ハンドリムを回した力がそのまま推進力に変わります。したがって、「折りたたみ式」は、ためるので扱いやすい反面、やや疲れる。これに対して固定式の車いすは剛性が高いため長時間乗っていても疲れにくい。そのため徐々に人気が出てきている状況でした。また欧米ではほとんどのアクティブ車いすがリジットなんです。

展示会でＭＣ－Ｘを見に来てくれて、貴重な意見をくださった方々の意見を尊重し、またデルタボックス型フレーム部に、折り畳み式の部品を取り付けるには、強度的に厳しいということも判明しました。展示会で得られた様々な意見や構造的な問題点などを持ち帰り、開発プロジェクトで協議をした結果、「リジットにしよう」ということに決まり、折りたたみ式から固定車に設計変更しました。**図６－２**そこでまた、一から設計を見直しました。他メーカーのリジットを購入してまた応力解析やＣＡＥ解析を行いながら、リジッド式の技術開発を進めて行きました。そして半年後に見事リジット式のＭＣ－Ｘの試作車を完成させました。**図６－３**そして完成させたＭＣ－Ｘを、今度はアジア最

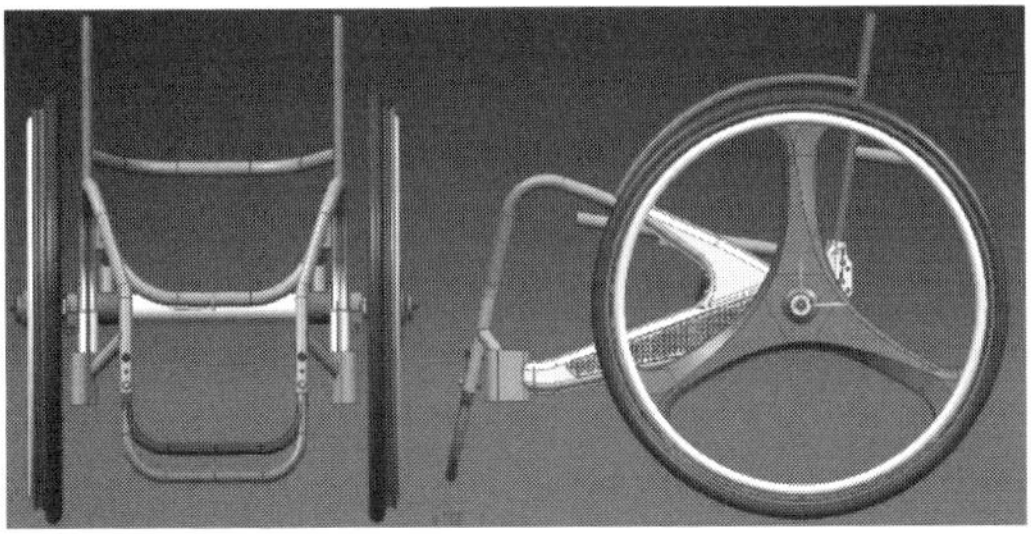

**図６−２　リジットタイプに設計変更**

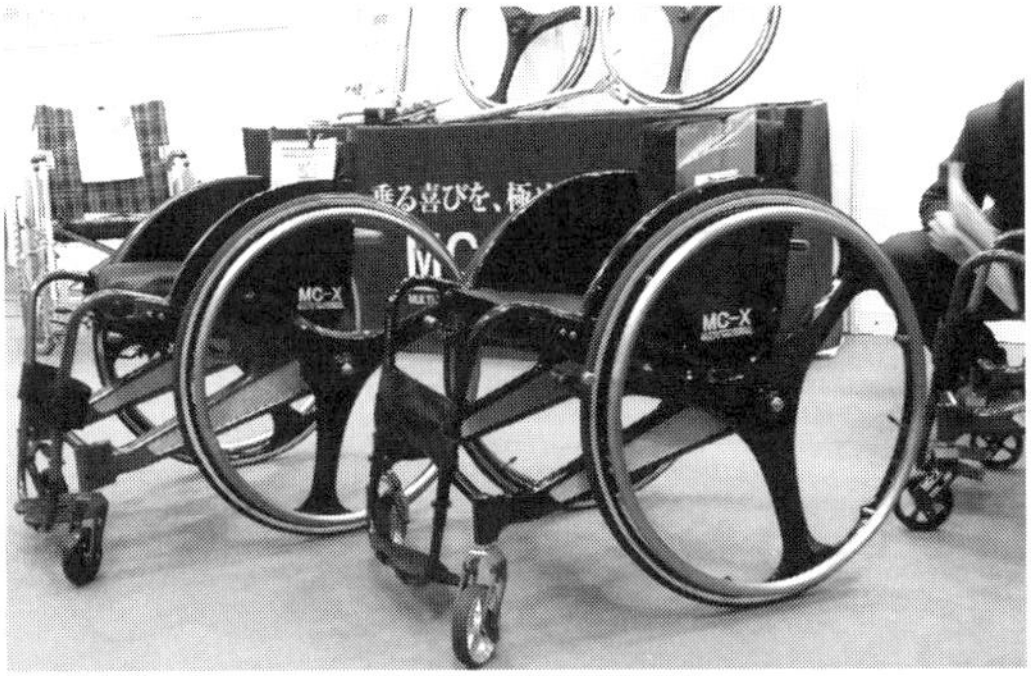


**図６−３　MC-X のリジットを初めて展示会に出展**

大の国際介護福祉機器展ＨＣＲに出展して展示しました。

今回はワインレッドやメタリックブルー、ピアノブラックなど、実際に採用しそうなリアルな色を作って、また実際に試乗もできるレベルにまで仕上げて、展示会に挑みました。

多くの車いすユーザーや業界の方達に声がけを行い、積極的に試乗をしてもらい、マグネシウムの車いすは実際に試乗してみてどうなのか、リジットではどうなのか、多くの声を聞きました。基本的に展示会は情報収集が目的で、製作したＭＣ－Ｘに対しての評価を聞くためで、この段階では決して売り込むためではありませんでした。もちろん「マグネシウムをフレームに採用して、こんなすごい軽い車いすを作りました」というＰＲも行いました。福祉専門学校・大学の生徒たちは、「すごい、かっこいいね、軽いね」と言って驚いてくれました。まだ未完成の車いすに、多くの人たちが乗ってくれて、多くの評価を頂きました。「これだったら介助する人も楽だね」「前出し機構も取り入れたほうが良いね」「やっぱり折りたためないと……」と。さらに新しいくて良いものを探しに日本まで買い付けにきていた韓国人バイヤーの方が、突然ＭＣ－Ｘをもちあげ、「この車いす、俺にも持ち上げられる軽さじゃないか」といって、すごく喜んでくれました。

展示会で聞いた感想、情報を元に３次試作に取り組みました。とにかく試作を作って展示会に出て、評価してもらって、展示会での声を設計にフィードバックをして、新しく作り直して、

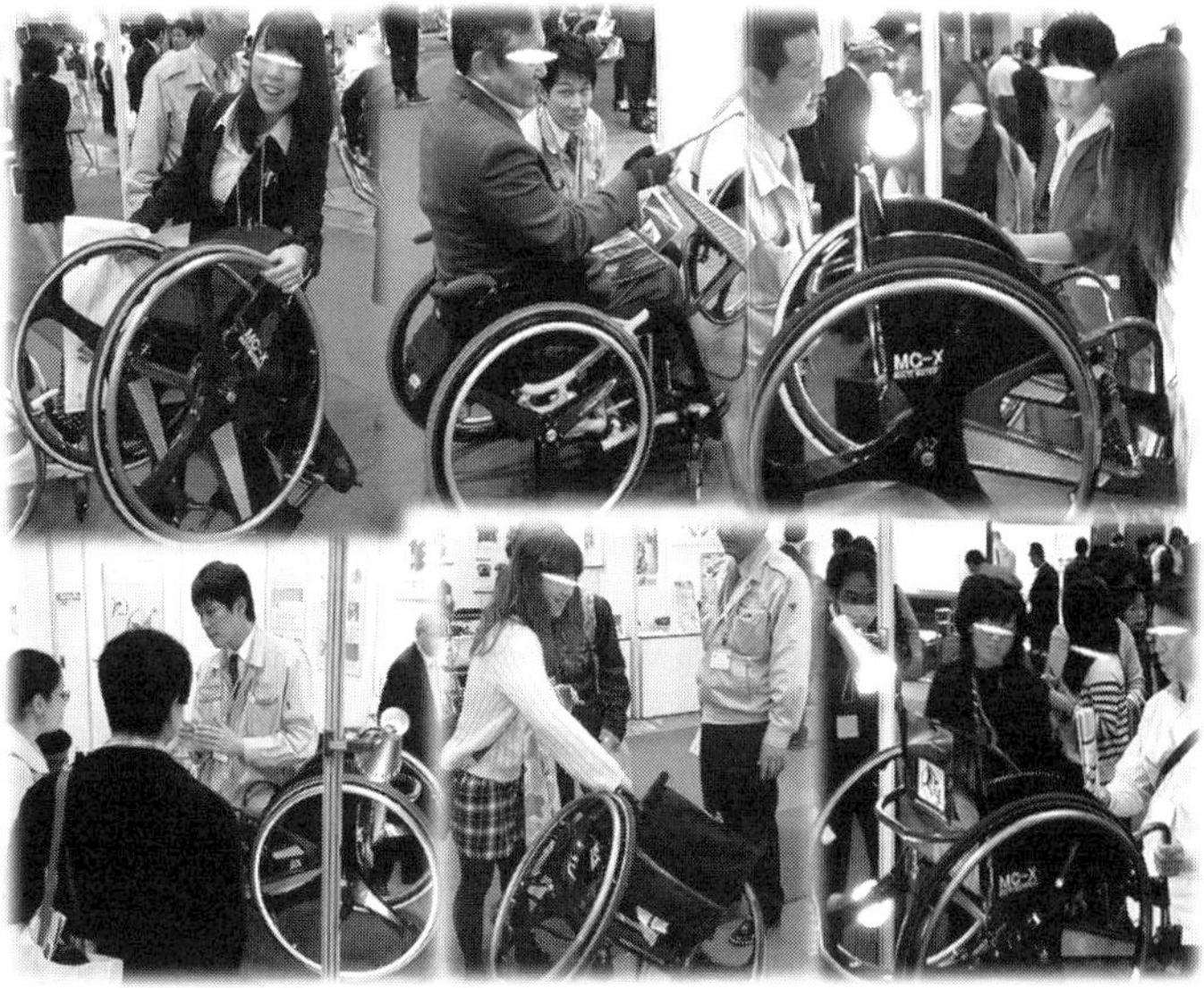


図６−４　展示会では一人でも多くの人に説明し、一つでも多くの意見をもらう

また次の展示会に出て「今度はどうですか？　乗ってみてください、どうぞ、どうぞ」。この繰り返しでした。軽いところをアピールしながら、いろんな人に試乗してもらいました。

## （Ｃ）世界最大の福祉機器展

展示会で多くの意見を参考にして設計を見直し、車いすを作り込んでいきました。より多くの人たちが「これはいいね」といってくれるまで、安全性がしっかり確保できるまで作り込もうと決意しました。またその途中で、ヨーロッパへの展開も視野に入れ、２０１４年、福祉の本場、ヨーロッパに視察に行きました。タイミングとしては

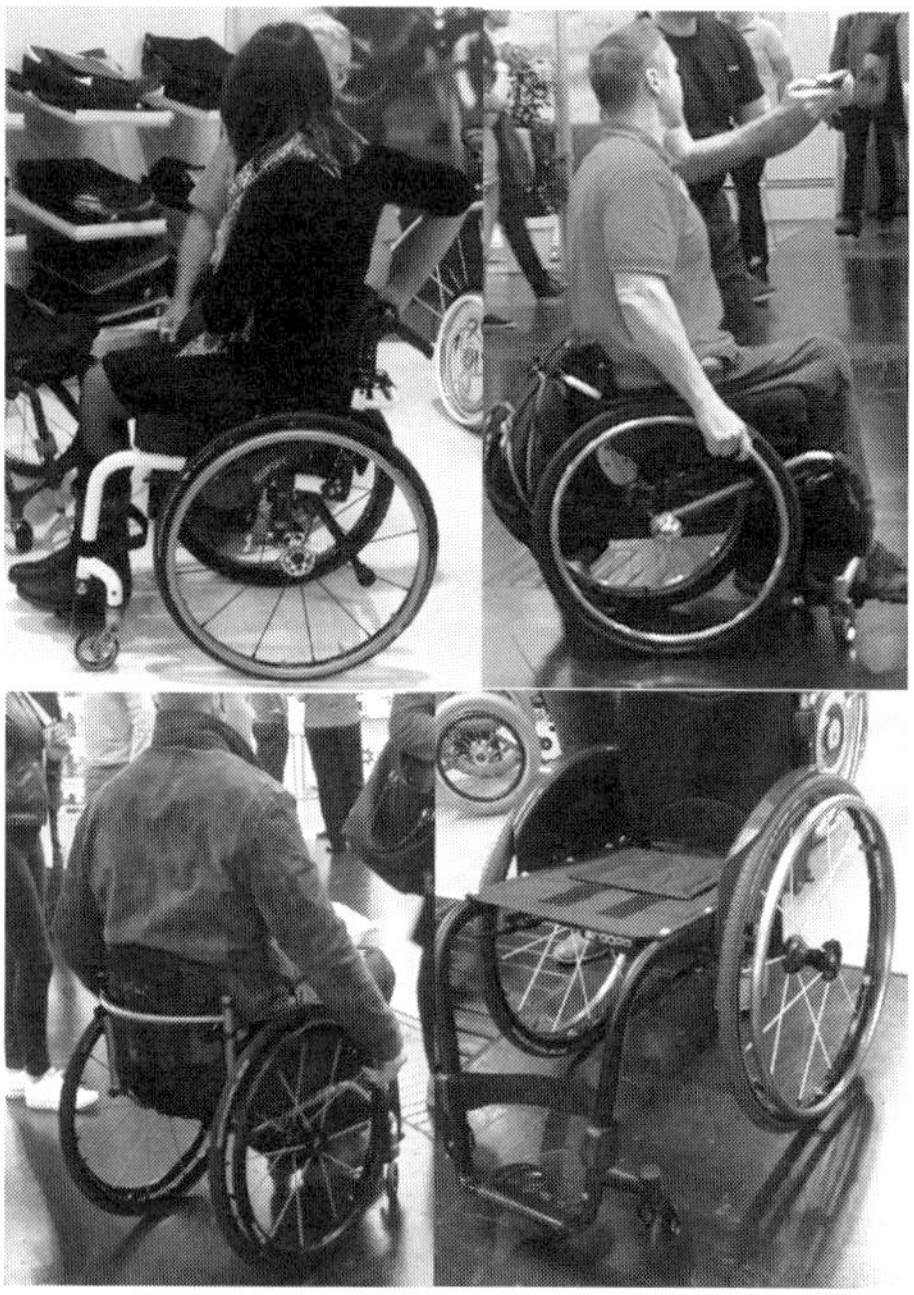

図6−5　リハケアではシングルリジットが主流

世界最大の国際福祉機器展「REHACARE2014」の開催時期に合わせました。「REHACARE」は、毎年デュッセルドルフ（ドイツ）で開催される、世界最大規模の福祉支援機器の展示会です。ヨーロッパ各地から、またアメリカや中国、台湾、日本からと、世界中から介護福祉機器メーカーが集まり、最新最先端の福祉機器を一堂に展示を行う、世界最先端の情報が集まる展示会なのです。

我が社は展示会での情報を集めるとともに、ヨーロッパ市場での販売の可能性をリサーチしました。展示会では、さすがデザインの本場だけあって、非常にオシャレなデザインの福祉機器が多く見られました。形状だけでなく、色使いなども凄くうまくて格好いい機器が多いです。車いすに関しては、各メーカーが展示しているもの、車いすユーザーが乗っているもの、その多くがリジットタイプであり、また形状に関しては日本のメーカーではまだ少ない、シングルフレームリジットタイプが主流でした。フレームが1本しかない。だからデザインもすごくシンプルな形状です。これが流行っていました。1本のフレームに高いに剛性を持たせれば、マグネシウムでも可能ではないか。次の車いすを開発する上で大きなヒントになりました。

あとは台湾メーカー数社が出展していた電動系の乗り物が多かったですね。またあらゆる乗り物のカラーリングで、オレンジを取り入れている商品が多く、色使いがとてもきれいでした。

この色使いはぜひ採用したいと思いました。

またヨーロッパの市場調査では、事前に日本のジェトロに車いすの市場調査をお願いしておいたので、ジェトロ・デュッセルドルフ事務所に行き、調査依頼をしてあった地元ドイツの車いす事情を確認させてもらいました。そこでなぜヨーロッパはリジットタイプが主流なのかわかりました。ヨーロッパのインフラ事情は、基本的に石畳の凸凹した路面が多く、車いすユーザーにとってはあまりいい環境では無いのです。またその凸凹の路面が、車いすに対して過酷なため、車いすに求められるのは軽さではなく、「壊れない」、という耐久性を求めています。

図6−6　ヨーロッパの路面は石畳が主流車いすには過酷な条件

だから剛性が高いリジットが主流なのです。また、もし壊れても、基本的には自分で直す、というのがドイツの文化という事です。車でもオートバイでも、基本的にはドイツ人は自分で直す、と言う事が一般的であり、したがってあらゆるパーツが個人で入手可能なものでないと、市場に認知されにくい、と言う事もわかりました。ＲＥＨＡＣＡＲＥで得た情報と、ジェトロで調査してくれた情報と、自分の目で見て、行ってみて感じた事を総合しますと、まだ現時点でヨーロッパに進出するのは難しいと判断して、いったんヨーロッパ進出は白紙にしました。

というわけで、ヨーロッパで仕入れた情報をもとにＭＣ－Ｘのカラーにオレンジ色を取り入れました。日本の車いす業界でオレンジを使ったのはウチが初めてです。でもこのカラーを用いて展示会に出た次の年から、他の大手メーカーも、同じような配色を使ってきました。考え方がうちと一緒で、笑ってしまいました。いいな、と思ったらすぐ動けるのが小回りのきく中小企業のメリットだと思いました。

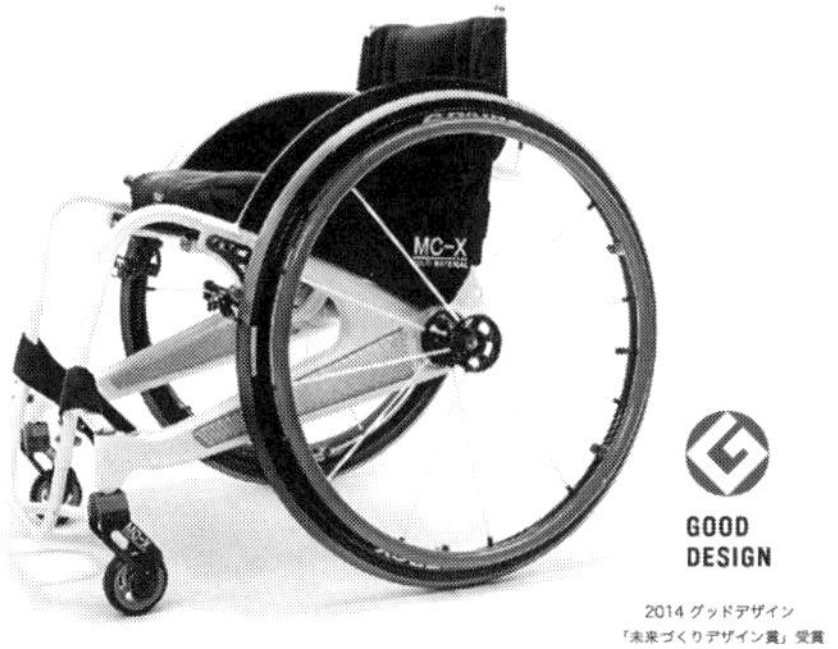


図６−７　ヨーロッパのデザインを取り入れて完成したＭＣ－Ｘ

## （d）グッドデザイン賞ベスト100

４次試作とヨーロッパで得た最先端デザインの情報を取り入れて、最終型ができあがりました。これがＭＣ－Ｘです。**図6－7**に示します。

そしてＭＣ－Ｘは２０１４年にグッドデザイン賞にエントリーし、グッドデザイン賞２０１４を受賞しました。またその年に受賞した中からさらに優れたデザインに送られる、グッドデザイン・ベスト１００も受賞する事が出来ました。しかもベスト１００の中からさらに優れた商品に贈られる「未来づくりデザイン賞」という特別賞も受賞する事が出来ました。

我が社で初めて開発した自社商品で、初めてエントリーしたグッドデザイン賞に見事受賞し、しかもベスト１００&未来づくりデザイン賞まで受賞するという、信じられない快挙を成し遂げたのです。

図6−8　MC-Xのフレームデザインを取り入れた、2015年HCRの橋本エンジニアリングブース

　グッドデザイン賞は、ただデザイン性だけでは受賞できません。「生活や産業、しいては社会全体の発展を目的としているため、新しさや高度さ、価値観の創造性や社会貢献などで評価を得る必要がある」という基準があります。したがって

いくら素晴らしいデザインでも基準を満たしていなければ受賞は難しいです。いくらかっこ良くても、ものとして市場に普及しないものでは意味がないのです。クラフトデザインに基づいたデザインだけではダメで、市場に認められる製品でなければいけないと言う事ですね。

この点に関してはＭＣ－Ｘは明確な開発コンセプトと、多くの市場ニーズに対応している商品です。自信はありました。しかし３タイトルも受賞出来て本当に嬉しかったです。ちなみにベスト１００を受賞した商品のデザイナーは、デザイナープレゼンというものを発表するのですが、ＭＣ－Ｘのデザインをしてくれた㈱ファンクアートデザインの宮津さんは、東京ミッドタウンで多くの同業者の前ですっごく緊張しながらプレゼンをしてくれました（笑）。でも喜んでくれたと思いますし、彼のホームページとか、会社案内には必ずＭＣ－Ｘが載っています。代表作の一つになってくれたと思います。

さて、ＭＣ－Ｘを開発して、２０１３年、２０１４年と、今まで小さなブースで展示会に出展をしてきましたが、２０１５年には最終モデルの出品ということで、橋本エンジニアリングの車いすに対する本気度を介護福祉業界関係者に認めてもらうため、非常にこだわったブースで展示をしました。お金はすごくかかりましたが、このブースのデザインは**図６－８**に示したように、車いすのフレームをイメージしてデザインをしてもらい、製作してもらいました。とてもかっこ良かったです。三日間で潰してしまうのが非常に惜しかったですね（苦笑）。

## (e) ホントにやったんだね！

この時に何人かの車いすユーザーや同業社の方に言われました。「本当に発売するんだ」「本気でやるんだ」って。最初にMC－Xの試作車をお披露目してから3年間、多くの関係者は「きっと自動車部品メーカーが興味本位で車いすを作っただけで、うまくいかなくてすぐやめていくんだろう」多くの人が思っていたらしいです。実際にポット出で、車いすを作ってくる異業種メーカーが毎年いて、1～2年でいなくなるからです。またマグネシウムという特殊な材料で実際に製品化になる車いすができるとも思っていなかったようです。事実最初は課題が山盛りでしたから。前述のKawasakiに勤めている男性も、「よくマグネシウムで作ったね」と言うくらいの材料なのですから、非常に難しい材料なんです。みんなは我が社が本気だとは思っていない。私はそれに気付いていたから、この年の展示会では、橋本エンジニアリングは本気なんだぞ。と言う事を伝え、車いすメーカーとして認めてもらうために、戦略として、大々的なブースで出展する勝負に出ました。

「あっ、橋本エンジニアリングは、本気でやるんだ」と。

戦略は成功しました。多くの関係者や車いすユーザーの方達が、新たな車いすメーカーとして認めてくれたのです。本気度が伝わった瞬間でした。最初からずっと本気でしたが（笑）そして華やかなブースは常に大盛況でした。多くの人がブースに来場してくれて、MC－Xの説明を聞いてくれ、試乗をしてくれました。「凄く軽いね」「カッコいいね」と、コンセプト通りの感想も多くいただけました。力が弱い女性の方は、凄く軽いＭＣ－Ｘに試乗して、その取り回しの軽さに感激をしてくれました。男性で力がある人だと「別にそこまで軽くなくてもいいよ」という人もいました。ただ、車いすが軽いということは、乗る人も、介助する人も、取り扱う人も、すべてに「やさしい」ということになると思いますし、しかもかっこいいんです。

## （ｆ）価格は39万8000円

ＭＣ－Ｘの価格は40万円を切ることを決めていました。リジットタイプの主流であるアルミ製の車いすは、大体30万円台だからです。しかし製造原価を考えるともっと高くする必要があります。30万円台では利益が出ないのです。しかし最初に決めた「凄く軽くて、かっこよく、適正価格」これが開発目標です。マグネシウムで作るのは大変だから、この価格設定では利益が出ないので、価格を上げよう。それではカーボンと変わらなくなってしまいます。それならカーボンでいいのです。

だから40万円を切る、39万８０００円という価格を、私が最初に決めてしまったのです。コストの積み上げではなく。コストを積み上げていくと、確実に30万円台では難しいし、目指しているものはやっぱり適正価格＝アルミ製と同等価格でありたかったので、そこは絶対譲りませんでした。でも外野はすごうるさくて、「こんなんじゃまずいよ」、「事業として成り立たないよ」と。実は今でもそうなのです。これを1台売っても利益は出ません。もちろん事業ですから利益は出さなくてはならないのですが、でも狙っているところは、まずはひとりでも多くの人に乗ってもらって、良さを分かってもらうこと。そうすれば口コミで広がっていき、もっとたくさんの依頼をいただけます。たくさん注文をいただければコストは下げられるのです。

## 6・2　社会的知名度と社会貢献

### (a) 世界最軽量の折りたたみ式車いすを完成

展示会でリジットのMC－Xを展示、説明をしていると、多くのユーザーさんや関係者の方達から、「ぜひ軽い折り畳み式の車いすを作ってほしい」と言う要望が非常に多く聞かれました。日本はその住居環境や車のサイズなどから、折りたたみ式の車いすのニーズが圧倒的に多かったのです。そこで、やはり市場のニーズがそこにあるなら作らないわけにはいかない。「乗る喜びを、極める」と言うコンセプトはMC－Xから継承し、①軽い、②かっこいい、③気持ちいい。この3つのフレーズに合った、乗りたくなる、出かけたくなる、そんな折りたたみ式の車いすを開発する。2016年から開発を始めたのがX70というモデルです。当然のことながらX70にもマルチマテリアル技法を採用し、超軽量化を追求した。そして開発から2年の歳月をかけて、世界最軽量クラス、折りたたみ式で７kgを実現した車いす「X70」がデビューしました。しかし残念なことですが、折りたたみ式で７kgの車いすは翌年、他社からも出てしまいました……。しかし、このX70も「グッドデザイン賞２０１８年」を受賞させていただきました。ジャイアンツカラーです（笑）。

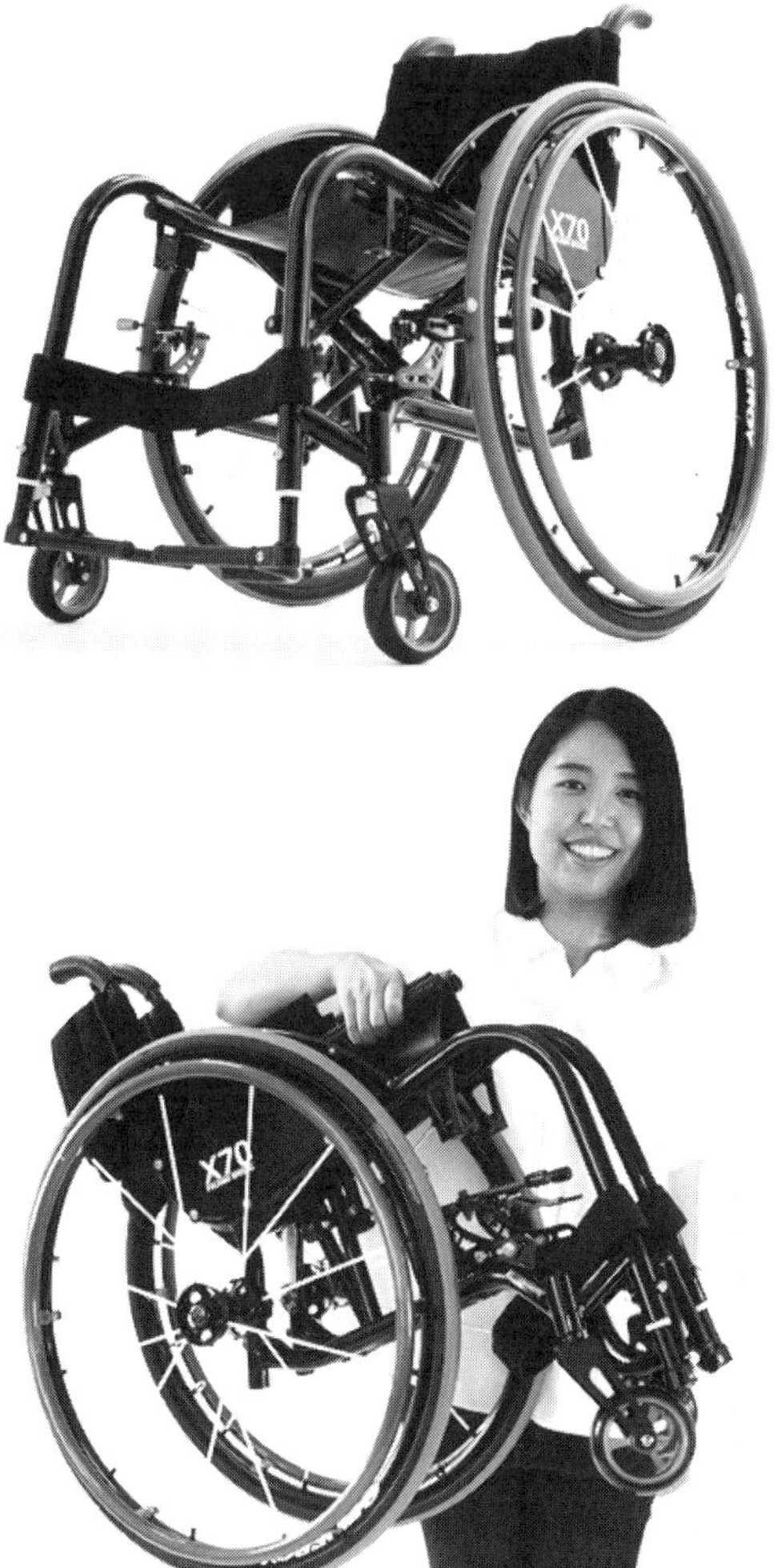


図６−９　世界最軽量の折りたたみ式車いす X70

図6−10　ポリオの会にて

## (b) 販売実績という壁

MC－XとX70という2種類のオリジナル超軽量車いすをラインナップして、車いすメーカーとして、一人でも多くの人に当社の車いすを乗ってもらいたい。その願いで営業活動を積極的に展開していきましたが、なかなか思うようには売れていきませんでした。関東から関西までにエリアを絞って、アクティブ車いすの販売力がある販売店に積極的に営業をしましたが、どうも消極的です。どうしてだろう。発売前まではとても友好的に感じた販売店さんも、いざ取り扱いをお願いすると、どうしても消極的です。私は色々考えました。また率直にお話も聞きました。そして理由が分かったのです。私たちが製造している製品は、障がい者や高齢者が主に乗る車いすです。当然、車いすに乗る多くの人は下肢障がいをもっている人が多く、移動には絶対に車いすが必要になります。しかしその車いすが突然壊れてしまったらどうなるか。もうそこから動けません。携帯電話で助けを呼べればいいですが、もし電波が入らない所だったら、もし車いすが壊れた時に転倒して意識がなくなってしまったら。車いすの人は常に危険と隣り合わせなのです。だから車いすは信用のあるメーカーの物でないと、販売店さんも安心して勧めれません。そうです。当社の車いすはまだ全く信用がありません。なぜならまだ発売したばかりで、実績がまったくなかったのです。だから販売店さんは、軽くて魅力的だけど、今の段階でお客さんに勧めるのはまだ難しい。これが積極的に売ってもらえない一つの理由でした。販売戦略は、販売代理店さんを各都道府県において、販売代理店さんを通して、直接ユーザーさんにＰＲして頂きながら売っていこうという計画でした。発売前の展示会などで販売店さんと話をした時は、販売に対して前向きな意見を聞けていたので、期待をしていました。しかし実際には販売店さんは、新参メーカーの実績のない車いすを売るのには消極的でした。これには戸惑いました。そこで私は販売戦略を変えました。

（Ｃ）ユーザーさんから欲しいと言ってもらえるために

当社がダイレクトに車いすユーザーさんにＰＲしよう。車いすユーザーさんから欲しいと言ってもらい、販売店さんに紹介すれば、販売店さんも喜んで売っていただける。それを積み重ねて販売実績が出来ていけば、いつか信頼していただけるようになる。そう考え、車いすユーザーさんとダイレクトに会える地方の小さな展示会に参加するようにして、ユーザーさんに直接商品PRをするという展開にもっていきました。どの車いすユーザーさんも、展示車に対しての説明をして試乗をして頂くと、福祉機器展の時と同様に、とてもいい評価を頂けるのですが、それでもなかなか注文まではいたりませんでした。ポリオの会（小山万里子代表、ポリオに罹患し、障がいを抱えている人たちが活動している当事者団体）の定例会にも定期的に参加をさせて頂き、PRプレゼンをさせて頂いたり、MC－XとX70を展示させて頂きながら試乗もして頂きました。

この地道な営業戦略を進めていくことによって、徐々にですがユーザーさんから直接問い合わせの連絡を頂けるようになり、少しずつですが売れるようになってきました。

それでもまだポツポツとしか注文をいただいていない状況ですから、当然まだ利益は出せていません。でも今の段階で、あまり注文をもらえないから「値段を上げよう」ということはあまりにも安易だし、最初の目的から外れている。目的からぶれないこと、それがすごく重要だと私は思っています。ぶれ始めたら止まらないでしょう。これはある意味投資です。すごくコストがかかる車いすだけれども、先行投資の部分です。回収はまだまだですが、この車いすの良さをひとりでも多くの人に伝えることによって、「橋本エンジニアリング」という車いすメーカーが認められる。認めていただける、それが私は大事だと思っています。

また、納車した車いすに対してのクレームもあります。ＣＡＥ解析や耐久走行試験の他、さまざまなシチュエーションを想定して設計していますが、その想定から外れた利用により生じた不具合や、組付け時にすでに問題があった不具合、その他色々な問題もありました。これらの問題に対して真摯に向き合い、対応をする事、また再発防止策を行い、二度と同じ問題を起こさないこと。これらをメーカーとして責任をもって対応して行くことも、信用を築いていくことにつながっていくと考えています。

私たちは後発の車いすメーカーです。後発ゆえに、経験や実績はまだ足りません。知名度もありません。でも一人でも多くの人に乗ってもらい、そして認めてもらえること、信用してもらえることが一番大事なのです。使ってもらってみて「これいいね、軽くて楽だね、1年経ってもすごく快適だよ」。そうして、「軽くて快適な車いすを、ありがとう」と一人でも多くのお客様に喜んでいただける車いすを提供できるメーカーを心掛けていきます。

さて、この軽量車いすの事業を通して、とても大きな広がりが出てきています。電動モビリティや電動アシスト自転車、自動車部品など、介護福祉以外の事業でも、軽量化というのは、常に求められているキーワードです。「もうちょっと軽くして欲しいな」、「軽くなったらいいな」ということは、いろいろな場面であると思います。軽量化は様々な面で人にやさしい事につながります。またこれからの超高齢社会、高齢者にとっても、モノは軽い方が絶対にいいと

川勝静岡県知事　来社

経済産業省2018年
はばたく中小企業300社に選ばれる！

図 6－11　池上彰さん、川勝静岡県知事さんが来訪してくれた。経済産業省より、はばたく中小企業 300 社に選ばれた。

思います。

「軽量化で人にやさしく」これは私の信念でもあります。

### (d) 発想から8年

やっと商品化、やっと発売に至った車いすに、池上彰さんがテレビの取材に来てくださいました。中小企業が自分たちの保有技術を出し合って、また研究開発しながら、世界最軽量の車いすを完成させ、見事事業化にした。全国でも、中小企業が集まって、新事業立ち上げプロジェクトを起こしていますが、実際に商品化し、事業化までもっていった例が、全国でもほとんどないため、この取り組みがテレビ局に伝わり、番組として取り上げていただいたのです。池上彰さんといえば、難しいことをわかりやすく伝えてくれる、とテレビで大活躍の超有名な方です。そんなすごい方がわが社に来ていただける。それに社内は大騒ぎでした。取材当日はプロジェクトメンバーも全員あつまり、軽量車いすの取り組みを説明させていただきました。

また、川勝（平太。静岡県）知事も、当社の取り組みに対して視察に来てくれました。20１8年には、「はばたく中小企業３００社」に、経済産業省から認定されました。私たちの取組が県や国からも認められたということで、非常に嬉しかったです。

そして今開発を進めていて、２０２１年秋に新しく登場するのが「X60（エックスロクマル）」と、２０２２年に販売予定の超軽量電動車いす「X70E（エックスナナマル・イー）」です。X60はマグネシウム製シングルフレームを採用した世界初の車いすになります。

## (e) 世界最軽量の電動車いす

電動車いすはモーターで動くので、車体が重くても疲れることはありません。しかし軽量化を求める声が年々増えてきています。ではなぜ軽いのがいいのでしょうか。電動車いすにも折りたたみ式と固定式のタイプがあります。固定式は持ち運びを想定していないため、大容量のバッテリーを積んで長い走行距離を可能にしたり、強力なモーターを採用してトルクを出した

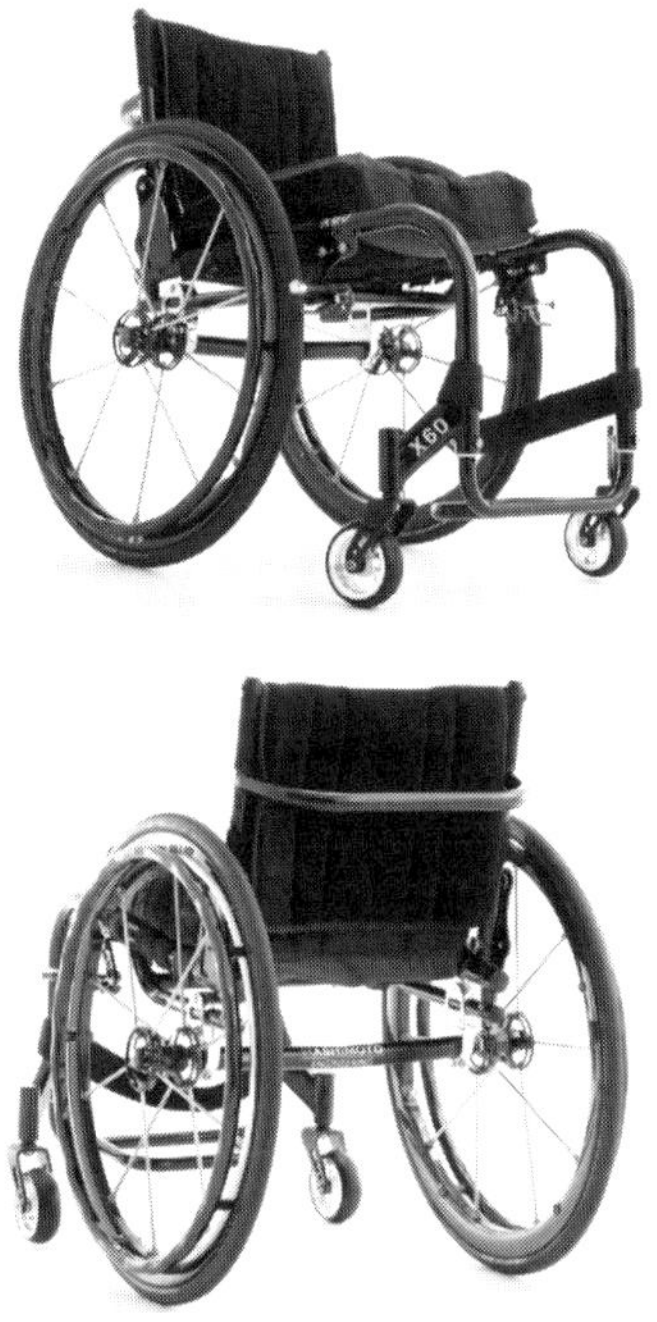


図6−12　2021年デビュー予定のX60

りしています。折りたたみ式の電動車は、折りたたんで車に積めます。家の玄関にもたたんでおけます。しかし折りたたみ式の電動車いすは、30kg以上もあるため、車に積み込むときなど持ち上げて移動させるのは非常に大変です。

成人男性ならなんとか乗せれますが、女性や高齢者では非常に難しい重さです。それからとくに都市部に多いのですが、電動車いすの人がタクシーを拾おうと手を挙げると、乗車拒否されることが多々あるそうです。なぜなら車いすが重いからです。タクシー運転手の高齢化も進んでいるので、30kg以上の電動車いすを積み込むことが難しい。だから、乗車拒否されてしまうのです。このような現状から、軽量車いすを売りにしている当社には、電動車いすユーザーから切実に、「なんとか軽量化してほしい」という要望が非常に多いです。「軽量化で人にやさしく」は私の信念です。これは見過ごすわけにはいきません。という事で今度は「世界最軽量の電動車いすの開発」を行うため、また新たな開発プロジェクトを立ち上げて、２０２２年に、困っている人たちにお届けできるよう、現在も開発をすすめています。

## (f) 超高齢社会

さて、現在日本は世界一高齢化が進んでいる国として、超高齢社会が問題になっています。参考のために人口の7％が高齢者になったら「高齢化社会」、人口の14％が高齢者になったら「高齢社会」、21％が高齢になったら「超高齢社会」と呼びます。高齢者は身体能力が低下していき、主に最初に足腰が弱ってくるため、車いす生活を余儀なくされる場合が多くなります。

図6−13　87歳のMC−X&X70オーナーさん

すでに他界しましたが。私の祖父は3年間、祖母は約10年間も車いす生活を送っていました。高齢者が車いす生活を余儀なくされた場合に、お子さんやケアマネージャーさんに与えられたままの車いすに乗ります。なぜなら、車いすは「汎用タイプ」しかないと思っているからです。「軽くてかっこいい車いすがある」ということを知らないのです。当然ご家族の方も知らなければ、ケアマネージャーさんも知らない方が多いです。私も知りませんでした（笑）。しかし汎用車いすは、サイズが大きいので、自分で漕ぐのは非常に辛いです。また重量も重いので操作性も重くて疲れてしまいます。大きくて重いので介助者の負担も非常に大きいです。

高度成長期前の人たちは、モノがなかったから、モノさえあればそこに自主性はあまりなかったのですが、その後、自主性が求められるようになってきて、たとえば、ウチの父は70歳を過ぎても「アルファードに乗りたい」などと、かっこいいモノへの希求がありました。だから、毎日乗る車いすだから、軽くて操作性が良く、カッコいい車いすに乗りたい、と思う高齢者がたくさんいると思っています。

実際にこの間も遠鉄百貨店さんのお客さんで、常に汎用車いすに乗って生活をしているのですが、お宅にお邪魔して実車をお見せして、試乗をして頂いたら、「なんでこの車いすはこんなに軽く操作できるんだ」「今までのと全然違う」と非常に驚き、また気に入って頂き、MC－XとX70を同時に2台買ってくれましたが、その方は87歳のかたです。今のお年寄りの方は、本当にいいもの、本物を買いたい志向必ずあると思います。後日そのお客さんからお話を頂き、お孫さんから「おじいちゃん、今度の車いすカッコいいじゃん」って褒められたと、とても嬉しそうに語ってくれました。

だから我が社では、高齢者施設や団体の集まりなどに説明に行き、試乗してもらい、少しでも多くの高齢者の方に、軽くてかっこ良くて操作性のいい車いすを提案していくことを進めようと思っています。また、これからは大小さまざまな展示会や試乗会に出展をして、介護、介助、高齢化の人たちに「ウチの車いすに乗るとこんなに幸せになれますよ」と、積極的に伝えていきたいですね。ブースのデザインも、高齢者が超軽量でカッコいい車いすに乗っている写真をもっと入れた壁面ラッピングにして、高齢者に分かりやすくしようと思っています。高齢者でもオシャレな人は車いすもオシャレに。目指すは「高齢者でもおしゃれな車いす」です。

## (g) 東京パラリンピック

２０１３年、国際展示会でＭＣ－ＸのＰＲを始めた頃、２０２０東京オリンピック・パラリンピックが開催されることが決まりました。当時、日本は東日本大震災からの復興を、国を挙げて目指していた時なので、このニュースはとても朗報でしたね。その後の２０１５年のＨＣＲ国際介護福祉機器展に出展した際、運命の出会いがありました。当社のブースによってくれた一人の女性に、私が車いすのＰＲをしたところ、「私の娘は車いすテニスの大会で世界中を飛び回っているわよ」と、話をしてくれました。当時私は、ＭＣ－Ｘのプロモーションには、有名な車いすユーザーに乗ってもらうことが必要だ、と考えていましたので、「ぜひ娘さんを紹介してください！」とお願いをし、その女性に名刺を渡しました。後でわかったのですが、この女性は、当時日本ランキング2位の女子車いすテニスプレイヤー、田中愛美さん（ブリヂストン）のお母さんだったのです。展示会が終了して、しばらくしてブリジストンのテニスコーチの岩野さんより会社に連絡がありました。「田中愛美専用のテニス競技用車いすを作ってほしい。」と。「え？」考えもしてなかった話に驚きました。私は田中愛美さんに、普段乗りの車いすを当社のMC－Xに乗ってPRして欲しい、と考えていました。それが「競技用の車いすを作ってほしい」という話だったのです。これはとても電話でする話ではない。私はすぐに所沢市の田中愛美さんとコーチの岩野さんに会いに行きました。詳しく話を聞いたところ「田中愛美は日本ランキング2位でも、車いすメーカーからちゃんとしたサポートを受けられない。特に女子テニスへのメーカーサポートは厳しい状況だ」という事。そして「橋本さんの技術なら、すごく軽くて、操作性が良い競技車両を作れると思う、ぜひ力を貸してほしい。田中愛美専用車両を開発してほしい」という話です。競技用車いすを自社開発する……。私は無い頭をフル回転させ考えました。この話を受けるべきか、断るべきか。受けるとしたら、東京2020パラリンピックがあるので、そこに当社の競技用車いすで試合に出てもらえれば、大きなプロモーション効果があるかも。しかし、競技用車両など作ったことがない。活躍できない車両を開発してしまったら逆効果になる。開発費も何百万円も掛かるだろう。非常に悩みました。

そこで私が出した答えは「東京パラリンピックには世界中から車いすユーザーが集まる。そうしたら選手村や会場、メディアなどで当社の車いすを見てもらえる絶好のチャンスだ！」と捉え、田中愛美さん専用のテニス競技用車いすを開発することを決めました。そして田中愛美さんと岩野コーチと当社で、世界に通じる、世界最軽量のテニス競技用車いすの開発をスタートさせました。全くの手探り状態からのスタートでしたが、岩野コーチからテニス競技用車いすの情報を非常に多く頂けるため、その情報と、既存の競技用車いすの情報を収集しながら開発をすすめ、開発から1年かけ、なんとか試作車第一号を完成させました。すぐに田中選手に乗ってもらったところ、なかなかの評価を頂くことが出来ました。この1号車をベースに、田中選手と岩野コーチから改良点などの要望を聞きながら試作車両の開発を続け、２０１９年までに試作車4号車までつくり、そのころには当社のテニス用車いすで、２０１９年フランスオープン大会優勝など、世界中で数々の輝かしい成績を出してくれました。そしていよいよ２０２０年パラリンピックに出場用の正式な車両を完成させ、パラリンピックに挑む予定でしたが、なんと新型コロナウィルスが世界的に蔓延したため、東京オリパラは翌年に延期になりました。期待が大きかっただけに、これにはかなりショックでした。しかしもっとショックだったのは田中選手や岩野コーチだろうと思い、私は電話ではげましの言葉を伝えたところ、「1年延期してくれたほうが、田中選手にとってはＢＥＳＴなコンディションが作れる」と、２０２１年開催に対して肯定的に捉え、すでに走り出していました。世界のトップを目指すアスリートは考え方も素晴らしいです。世界はまだ、コロナ禍で大会にもなかなか出場できない状況ですが、２０２１年の開催を信じて、さらに最高のテニス競技用車いすを作り込んで、田中愛美選手と、岩野コーチ、ブリジストンスポーツ社、マクルウ社、そして車いす開発に多くの支援をして頂いた浜松市、その他多くの協力メーカー、そして橋本エンジニアリング、みんなで力を合わせて、一緒に東京２０２０パラリンピックに出ることを目標としています。

そしてまた、新たに橋本エンジニアリングの競技車両に乗り、世界に挑むテニス選手が登場しました。小田凱人（オダ トキト）選手です。小田選手は若干13歳で、２０２０世界ジュニアマスターズで優勝、見事世界一に輝いた天才テニスプレイヤーです。、小田選手はまだ中学生ですが、体格もよく将来有望な選手です。当社は小田選手と契約をし、あらたなテニス用車両を開発しながら、一緒に世界のトップを目指していきたいと考えています。

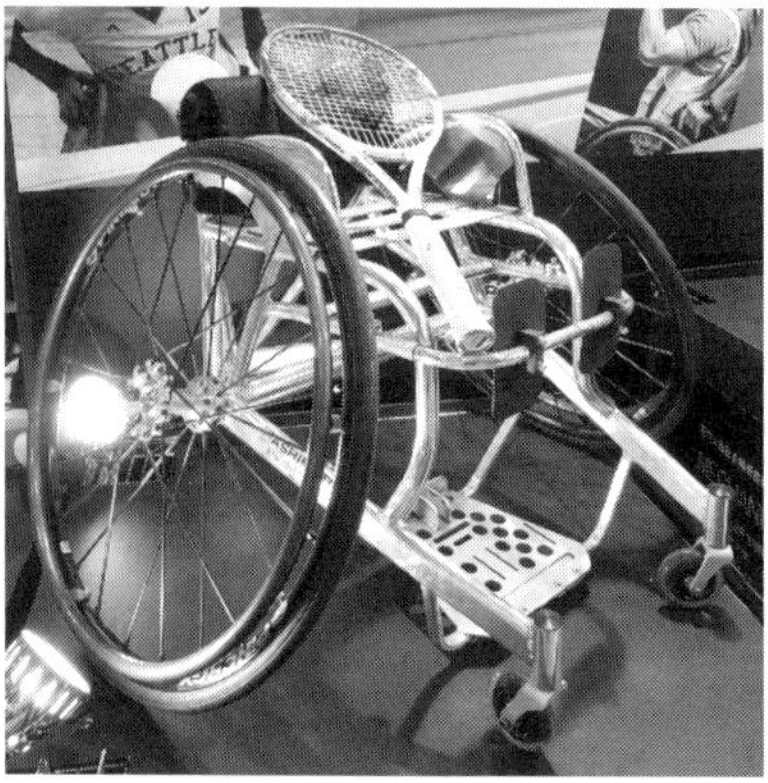
図6−14　テニス競技用車両「ＴＳＸ」（試作車）」

Ｆ１にホンダとかトヨタとか、マクラーレンだとか、フェラーリだとかの世界的カーメーカーが莫大なお金をつぎ込みます。あれはなぜかというと、技術力のＰＲです。競技で成果を出すってことは、そこでメーカ

図6−17　小田凱選手（14）
2020世界ジュニア
マスターズ優勝

図6−15　女子車いすテニスプレイヤー
田中愛美選手（24）ブリヂス
トンスポーツ

図6−16　田中愛美選手　2019フランスオープン優勝
写真右

ーの技術力を認められるということですから。競技で成果を出すということは、車いすとして高い剛性とか、技術力が認められるということです。世界でも通用するような車いすを当社は作れるんだ、浜松市の技術力は世界に通用するんだ、という、ＭＣ－Ｘで築いた軽量化技術を世界にＰＲできると信じています。

当社はテニス競技以外のパラリピアンともプロモーション契約を結び、日常用の車両に当社のＭＣ－Ｘに乗ってもらい、ＭＣ－Ｘに対しての問題点や改善提案などを提案してもらいながら、車いすのＰＲを中心に活動してもらっています。一人はウェルチェアラクビー（車いすラクビー）の日本代表であり、リオパラリンピックで銅メダルを獲得した池崎大輔選手（43）です。日本が誇るスピードスターと言われるほど、世界トップレベルのスピードを武器に、数々の試合で日本チームを引っ張り、多くの世界大会で好成績を上げています。直近ではＩＷＲＦ世界選手権（オーストラリア）で優勝しＭＶＰも受賞しています。池崎選手との出会いは、２０１５年に、千葉で行われたアジア・オセアニアチャンピオンシップに、ＭＣ－Ｘのモニターになれそうな良い選手はいないかと、試合を見に見学に行ったところ、日本チームは見事、世界トップのオーストラリアチームを破り、優勝しました。また大会ＭＶＰは池崎選手でした。

私は初めて見るウェルチェアラクビーの試合でしたが、だれが見ても間違いなく池崎選手がダントツ目立つ活躍をしていましたね。人気もあってまさしく「スター選手」っていう感じでした。「池崎選手に当社のＭＣ－Ｘに乗ってもらえたらなあ」やはり一番影響力にある人に乗ってもらいたいですよね。そして試合終了後、知り合いのメーカーさんに間に入ってもらい、池崎さんに当社のＭＣ－Ｘに乗ってもらえないか、との交渉を行いました。ＭＶＰを取るほどのトッププレイヤーですからさすがに難しいかなあ。と思っていましたが、話をしてみるものです。ちょうど日常車のスポンサーがないので是非とも、との事でした。これは非常にラッキー

図６−18　ウェルチェアラクビー　池崎大輔選手（43）

でしたね。直ぐ契約を結んでＭＣ－Ｘに乗ってもらい、プロモーションモニターになってもらいました。そして翌年のリオ・パラリンピックでも池崎選手は大活躍をし、見事日本チームは銅メダルを獲得しました。パラリンピック初のメダル獲得です。このパラリンピックをきっかけに、池崎選手はさらに有名になり、ＴＶや雑誌の取材やらで大忙し。パラリピアンでは日本でかなり有名人になりましたね。今後も当社のＭＣ－Ｘに乗って、次は東京２０２０パラリンピックに向けて、さらに活躍をしてほしいと思います。

# 第7章　橋本エンジニアリングとは

## 7・1　当社は「ワクワク創造企業」

### (1) ワクワク大作戦による企業写真

当社は「ワクワク大作戦」という作戦をやっています。これは青山学院大学が箱根駅伝で最初に優勝した時にヒントを得ました。駅伝とは苦しいもの。ゴールしたときに苦しんで倒れる悲壮な選手をよく見ていましたが、そのときに走った青山学院のランナーたちは全然違いました。

彼らはぶっちぎりで優勝したのですが、「もっと走りたいんだ」と全身から喜びがあふれ、笑顔でタスキを渡していました。そんなふうに楽しそうに走って、なおかつ優勝してしまう、「何これ、どういうこと!?」と驚きました。それが、今では有名人になった原監督が立てた「ワクワク大作戦」という作戦だったのです。「ワクワク大作戦って、なに?」人は、ワクワクすることに対しては、自分の力をより発揮しやすく、やらされてる感が全然ありません。

たとえば、私は釣りが趣味です。だから釣りに行くために、朝の3時~4時に起きることは苦ではありません。早く釣り場にいって、魚の朝ごはんタイムに釣りをしたい。でも普通は、朝の3時に起きろと言われても絶対イヤです。しかし釣りのためなら、私は朝の3時に進んで起きます。なんなら眠れない日もあるくらいです。それがワクワクです。そういう気持ちを持って仕事ができる、仕事にそういう目標設定をします。社員にワクワクする目標設定をしたり、この企画を任せたプロジェクトリーダーが、主に若手社員に進行を任せたのです。理由はこの企画を通してスタッフ間のコミュニケーションを図ることを考えたのです。ワクワクできるような環境を作ったりして、みんなでワクワクする気持ちで成果を上げていく「ワクワク大作戦」という取り組みをしています。

プロカメラマンの杉山雅彦さんに撮ってもらった集合写真もワクワク大作戦の一環です。この写真は企画立案から撮影までに半年かけています。なぜ半年もかかったかというと、若い子たちと、ベテラン社員のコミュニケーションを図るために、プロジェクトを作って、「じゃあ、どんな感じにする⁉」と話し合いをします。**図7−1**に示した写真の中央は私です。レストランをイメージしました。「私のワクワクすることは何？」質問され、「食べること」、と答えたところ「じゃあ、社長は食べているイメージで……」とになりました。場所はレストランです。でも、ただ食べているだけでは面白くないからウチの会社でやっている事業内容をこの写真の中に写したのです。車いすだとか、オートバイだとか……。どうでしょうか。

それと、全員の顔がなるべくわかるように立体的にして。「じゃ、こっちは足場を組もう」とか、「トラックに乗ろう」とか、最初はいろいろ意見が出ましたが、最終的に足場がいいということになって。そこで、日本の旗とインドネシアの旗を掲げました。撮影当日はあいにくの雨になってしまいましたが、みんな楽しそうにサイコーの笑顔で撮影しました。橋本エンジニア

図7−1　ワクワク大作戦の一環として撮影した集合写真。ワクワクさを一枚の写真で表現

リングはそんな会社です。

## (2) ワクワクVS通信

私は「ワクワクVS通信」というのも毎月発行しています。「ワクワクVS通信」のVはVision（未来像）で、SはShare（共有）です。私の考え、目標、夢、会社の方向性っていうものを、毎月発行する「ワクワクVS通信」の中にメッセージを書いて、全社員に向けて配信しています。

「今、会社って、何をやってるんだろう、どこを目指しているんだろう」、「社長って何をやってる？考えてる？」ということが、社員にはわかりにくいと思います。ですから、その時々の旬なニュースを掲載しながら、私の思いや考え、会社の方向性などをメッセージ

図7−2　ワクワクVS通信。毎月発行する

しています。軽量車いすの「軽量技術」にいろんなところで注目していただいたこと。トヨタ自動車、ダイワハウス、本田技研など、口コミでいろいろな商談、チャンスをいただいていること。オモテ面には会社の現状や取り組み、私の考えなどのVisionを。裏面は会社紹介です。たとえばインドネシアの、製造Aグループ

図7−3　ワクワクVS通信。会社の方向性や社長の考え、その他社員情報やお得な情報を掲載。毎月発行する

のメンバーの紹介。製造Aグループはこういうものを作ってこういう仕事をしていますよ、ということ。毎月、表面と裏の会社紹介やスタッフ紹介を私が作り、裏面の右半分は管理部が作っています。「ワクワクVS通信」は月末の給料袋に入れています。

コミュニケーションが一方通行にならないように、翌週の月曜全体朝礼で、社員の中の2名に、「ワクワクVS通信」への意見を述べてもらいます。指名された社員は答えなくてはいけません。だから社員は皆、しっかりと読みます。オモテ面の私のメッセージに対して、意見を言う人間と、裏面に意見を言う人間とに分かれます。オモテ面に対して、意見やメッセージをする人は、仕事や会社の行事などに前向きに、積極的に取り組んでいる人が多い傾向があります。それから多くの成果を上げてくれている人もメッセージしてくれます。

我が社の拠点は本社・浜北工場、あとは磐田工場、湖西営業所、内野工場。国内は以上。後はインドネシアに１拠点あります。インドネシアには２０１２年に進出しています。インドネシアはジャワ島というところにジャカルタという首都があって、そこから40分くらい東に行ったのところに会社があります。やっている仕事はトヨタ自動車のインパネフレームやヤマハ発動機のマフラー部品を作っています。あとはダイハツやホンダのマフラー関係も作っています。

日本の会社は４つの柱となる仕事があるのですが、１つ目は車・バイクの仕事、２つ目は介護・福祉の仕事、３つ目は医療の仕事、４つ目がモビリティの仕事です。メインは車・バイクの仕事。これがウチの基盤事業であります。車とかバイクは、基本的にはデザイナーがデザインしたものを設計者が設計し、それに基づいて試作を作っていきます。試作を作ったらテスト車を作ります。そしてテストを繰り返していきます。走行安全性などいろいろなテストを繰り返し、合格したら生産準備。金型や治具などを作る工程です。金型を使って生産・量産していきます。そして組み立て、完成して販売となります。当社は生産化の前の金型準備とか、テストとか試作、このような仕事をしている会社なのです。

## （3）謙虚な気持ちを素直に伝える

2つめの介護・福祉の仕事、これが今回、メインでお話しした車いすの仕事＝業務です。「乗る喜びを極める」というコンセプトに基づいて開発したMC-Xという一番初めに作った車いすと、次に製作した折りたたみ式のX70です。MC-Xを2017年に発売、X70を2018年に発売しました。

浜松の匠の技術、いろんな技術を持っている中小企業が集まって「世界最軽量」の車いすを誕生させました。これが橋本エンジニアリングのオリジナル車いす、Xシリーズです。また現在は車いす事業以外にもチタン事業、モビリティ事業などの新事業も進めています。20年後も30年後も橋本エンジニアリングが維持・発展していくために。私が常に夢を追いかけているので、従業員はみんな、ワクワクしてくれていると思います。ありがたいことに、このご時世でも求人情報誌に募集広告を出すと、入社希望の方が沢山来てくれます。しかし今は新卒採用を基本に採用活動を進めています。

ネットを使って、私のメッセージを伝えたり、若手社員の生の声を載せたり、楽しい写真を発信し、働く姿がイメージしやすいようにしたり。そして将来性を伝えていきます。採用は、企業の魅力をどうメッセージするかだと思います。ホームページに書いてある私の思いのメッセージが理解できて、共感できる人を基本的に選んでいます。だから入社してすぐに笑顔になれるのだと思っています。

今、私は社員と一体となり、浜松の匠の技術を背負って同じ志と夢を持って前進しています。

「前へ。」後ろの扉を閉める。

図７−４　私の座右の銘

# 終章　あとがき

私の人生理念は「私に関わる全ての人々を物心共に幸せにする」です。

輸送機器の部品製造業を一本で経営を続け40年たった時、突然一〇〇年に一度の世界大恐慌「リーマンショック」に襲われました。同時期に経営を任された私は、下降の一手をたどる業績に、「もう経営を維持するのはダメかもしれない」と、思ってしまいました。

しかし、私は自分の人生理念「私は、私に関わる全ての人々を物心共に幸せにしなければいけないんだ！」と、改めて思い返し、大不況で後ろ向きになっていた私は後ろの扉を閉めました。「もう後ろは振り返らない、前へ」。ここから弊社の生きる道が変わりました。「20年後も30年後も雇用を守り、維持繁栄をしていく」。この経営方針の下、新興国インドネシアへの進出を果たし、介護福祉事業にも進出。世界で初めてマグネシウム合金を採用した世界最軽量の車いすを開発しました。また「顧客大満足」、……という方針では、ユーザーの事を考え、ユーザーが望む以上のものを形にすることを念頭に新事業、基板事業を推進してきました。

ここまで目標に向かって進んでこれたのは、私一人の力ではありません。厳しい環境下でも必死に経営を支え、新事業に対しても理解をし、力を貸してくれた全社員たちのおかげだと、心の底から感謝をしています。また、本来ライバルメーカーにあたる同業他社の協力メーカーさんの、惜しげもない技術供与と多大なる開発支援のおかげでもあります。多くの人の力添えがなくして、今日の弊社はありません。お力を化してくれた皆さんに、本当に感謝を申し上げます。ありがとうございました。

順風満帆……と思っていましたが、また試練が起こりました。世界大恐慌から10年、基板事業も回復傾向になり、新事業も徐々に軌道に乗り掛けた２０２０年、新たな事業計画と成長戦略のもと、飛躍を始める年になる予定でした。しかし同年、中国・武漢から始まった「新型コロナウイルス」の感染拡大で世界が一変し、世界経済が大きなダメージを受け、また「一〇〇年に一度の危機」と言われる大不況が起きました。「一〇〇年に一度の不況がなぜ一〇年に２回も……」。しかも今度の状況はリーマンショックの時とは大きく異なりました。人々が真夏にもかかわらずマスクをし、移動を自粛し、テレワークを続けている姿は想像しえなかった状況です。飲食業や観光業などのサービス業は大打撃を受け、私たち輸送機器製造業も大きなダメージを受けました。しかし巣ごもり需要とも呼ばれる新たな需要も起きました。これまでに予測されていた前提やシナリオが大きく変わり、企業の競争環境が劇的にかつ急速に変化し、それによって私たち企業の弱点もあらわになってきました。

「これまで取り組んできた変革への取り組みが果たして正しかったのか」。そして「今後取り組むべき課題は何なのか」、という問いを突き付けられているかのように感じます。しかし私は今の事態は未来に向けた変革のため、いい意味で試練だと受け止めています。これを機に我々は意識と行動様式を変えることを迫られています。オンラインによる会議や商談、面接、映像配信による講習といったＩＴを通じたコミュニケーションが、新たなスタイルへと定着しつつあります。ＤＸの導入やリモート化の推進などを通じて新たな価値を生み出し、従業員の期待と顧客の要求を満足するような製品・サービス・体験を提供できるように、事業を根本的に改革することが求められてきていると思います。20年後も30年後も生き残る企業となるには、ＩＴ運用の変革が必ず必要となるでしょう。しかし私たちは「モノづくり企業」です。ＩＴばかりに頼らず、当社の強みである創意工夫を活かした新事業の提案や業務改善を「ワクワク」しながらより積極的に行っていく考えです。当社は「スタッフの幸せ」を第一に考え、さまざまな展開を推進していき、これまで解決できなかった世の中の多くの課題に対して、私たちの技術と知恵と力は、社会全体に貢献できるものと信じています。私たちは、革新しながら成長を続けていくことで、ものづくりの革命を牽引していく企業でありたいと思います。

コロナ禍を機に今後どう飛躍を遂げるのか、皆を幸せに導くリーダーとして、出来る限りの学びと経験を積み重ねつつ、一つでも正しい変革を見出せるよう、今後も新たな取り組みを探求して参りたいと思います。皆様とまた新たな事業の展開について前向きなお話をさせていただく機会が遠からずあるものと信じております。最後に、福祉用具や金属材料についての学びや新たな事業展開のチャンスも頂きながら、本書の出版においてもチャンスとご協力を頂いた元東京大学大学院　工学博士の朝倉健太郎先生に感謝の意を表します。

●著者紹介

**橋本　裕司**（はしもと・ゆうじ）

1967年静岡県浜松市生まれ。静岡県立浜松商業高等学校卒業後、運送会社に就職し、魚市場の現場を手伝いながら鮮魚の運送業に従事。その後好きなことを職業にしたいと、釣り具メーカーメガバス株式会社に何度も断られながらもなんとか入社。営業として日本全国を飛び回った。7年後、父が経営する橋本部品製作所の経営危機を助けるため後継者として入社。工業のことなど経験もなかったため、学びのために工業高校定時制に入学し28才で再び高校に。入社後6年で経営黒字化。その後自己啓発の一環として人材育成コンサルティングのアチーブメント株式会社の学びを始め、人生の目的を見つけぶれない自分を気築く。2009年に社長就任、直後のリーマンショックでリストラを決断。2度と同じことを繰り返さないために、メーカーになる方針を掲げ、車いすメーカーになる。現在パラリンピックテニス競技用車いすの開発も行う。2018年経済産業省はばたく中小企業300社受賞。同2018年マグネシウム協会技術大賞受賞、2014、2018、2020年に車いす3車種連続でグッドデザイン賞受賞、うちMC-XはBEST100＆未来づくりデザイン賞も受賞。2014年に池上彰氏来訪。2015年に川勝平太静岡県知事来訪、2021年に鈴木康友浜松市長来訪。

**朝倉　健太郎**（あさくら・けんたろう）

東京大学大学院工学系研究科マテリアル工学専攻において、光学顕微鏡および電子顕微鏡による材料研究・構造解析を約40年行う。フェライト系耐熱鋼、核融合炉壁材料、高速増殖炉用材料、アルミニウム合金、銅合金、チタンおよびチタン合金、義肢装具用材料など多くの材料を対象とした研究を行う。1997年Michael Tenenbaum論文賞、2008年銅及び銅合金技術研究会（日本伸銅協会）論文賞、2014年日本チタン協会特別賞など。工学博士（東京大学大学院工学系研究科マテリアル工学専攻）。東武医学技術専門学校非常勤講師（公衆衛生学）。幸手看護専門学校非常勤講師（公衆衛生学・社会福祉）、東京デザインテクノロジーセンター専門学校非常勤講師（福祉工学、機械工作基礎）、日産アーク（株）技術顧問、水谷理美容鋏製作所技術顧問、池上精機（株）技術顧問、日本チタン協会 福祉・医療WG外部委員など。

---

**超・軽量車いすの開発、新しいマグネシウム福祉製品**

2021年5月31日　初版第1刷発行

著　者　橋本　裕司、朝倉健太郎

発行者　朝倉健太郎

発行所　株式会社　アグネ承風社
〒178-0065　東京都練馬区西大泉5-21-7
TEL/FAX 03-5935-7178

印刷・製本所　モリモト印刷株式会社



ISBN978-4-910423-04-3
落丁本・乱丁本はお取り替えいたします。